U0236764

中国田野考古报告集
考古学专刊
丁种第九十八号

秦汉上林苑

2004～2012年考古报告

下　册

中国社会科学院考古研究所　西安市文物保护考古研究院　编著

文物出版社

图版目录

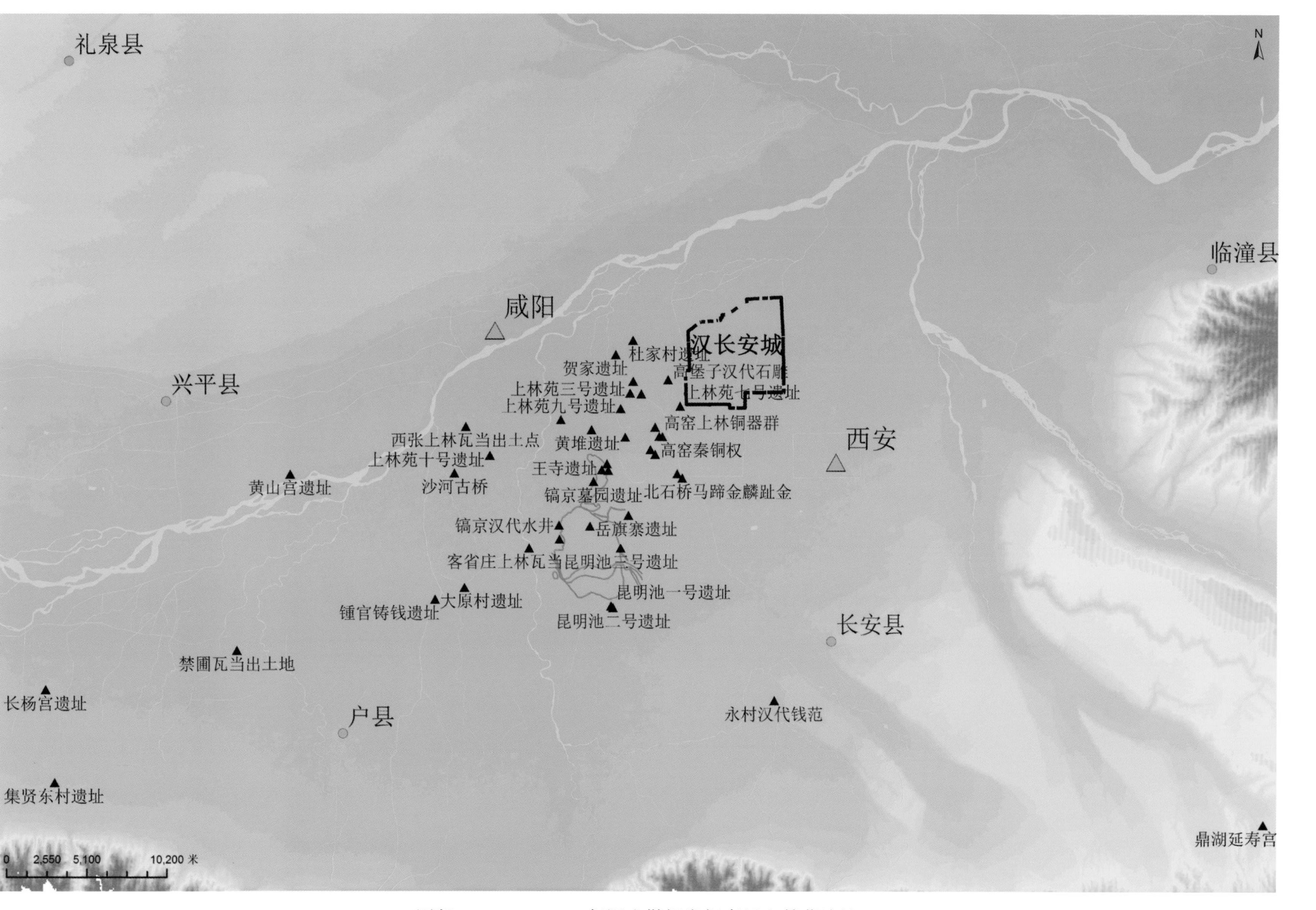

图版一　1933~2012 年调查勘探发掘秦汉上林苑遗址

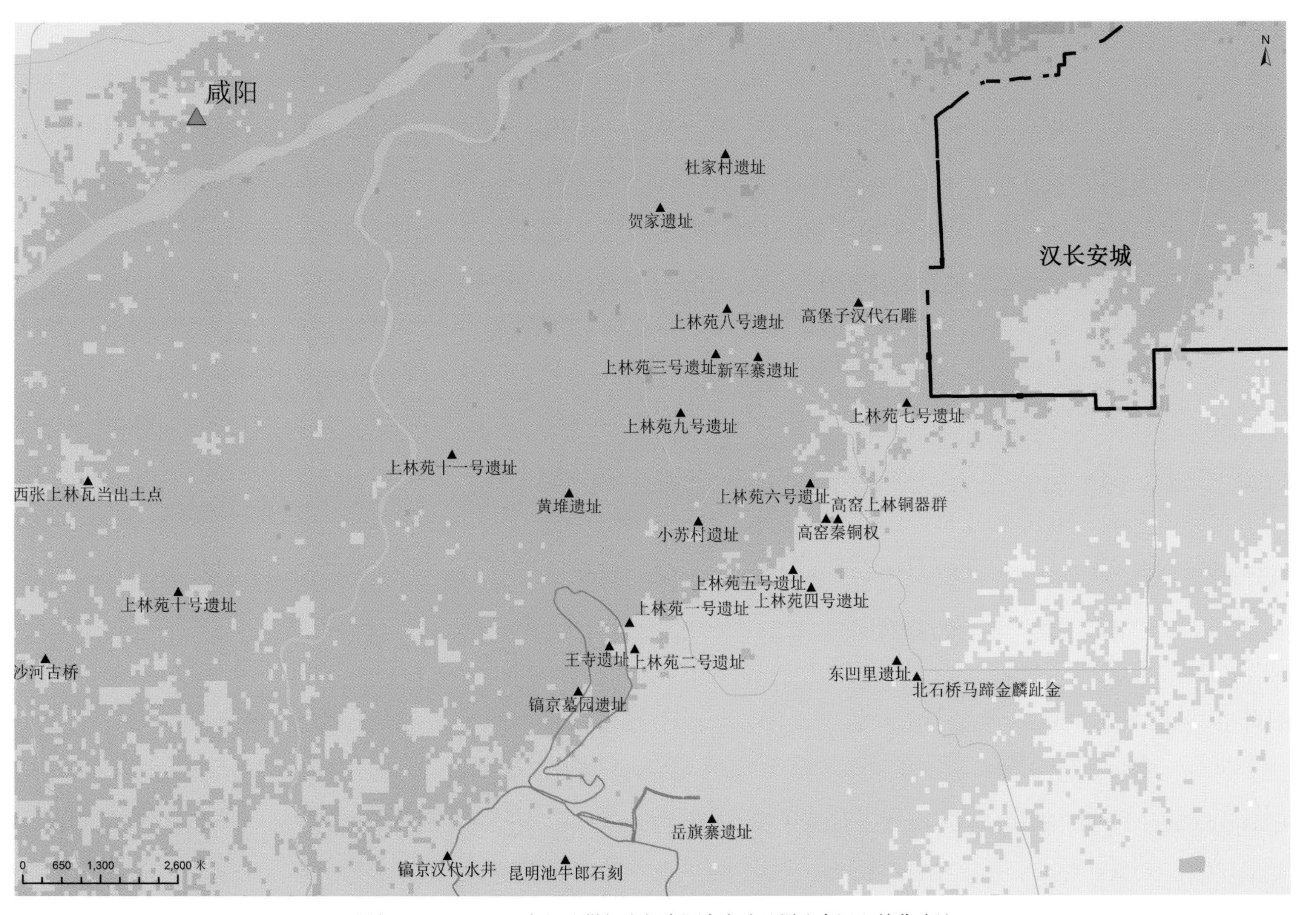

图版二　2004~2012年调查勘探发掘秦阿房宫遗址周边秦汉上林苑遗址

图版三　2004 年上林苑一号遗址高台建筑（西北—东南）

图版四　上林苑一号遗址暴露的夯土、散水与排水管道

1. 上林苑一号遗址 04T1 散水（西—东）

2. 上林苑一号遗址 04T2 石渠（西—东）

图版五　上林苑一号遗址散水与石渠

上林苑一号遗址 04T2 石渠（东—西）

上林苑一号遗址 04T3 石渠（南—北）

图版六　上林苑一号遗址石渠

图版七　上林苑一号遗址出土铺地砖

1、2.04ⅠT2③：1　3、4.04ⅠT2③：2

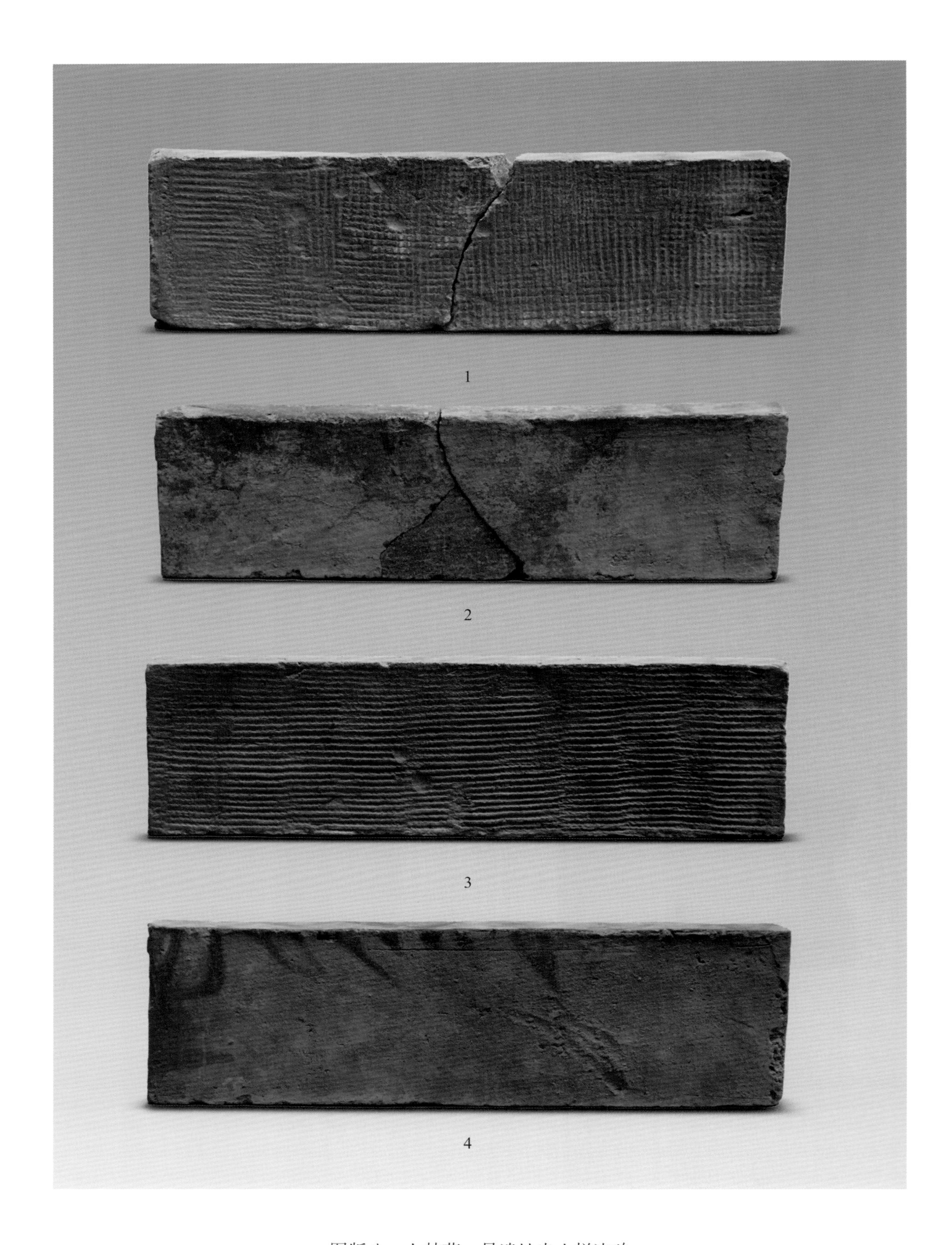

图版八　上林苑一号遗址出土拦边砖

1、2.04ⅠT1③：11　3、4.04ⅠT1③：12

1. 表面　2. 内面

3. 表面　4. 内面

5. 表面　6. 内面

图版九　上林苑一号遗址出土板瓦

1、2.04ⅠT1③：1　3、4.04ⅠT1③：2　5、6.04ⅠT1③：3

1. 表面

2. 内面

3. 表面

4. 内面

5. 表面

6. 内面

图版一〇　上林苑一号遗址出土筒瓦

1、2.04ⅠT1③：4　3、4.04ⅠT1③：6　5、6.04ⅠT2③：4

图版一一　上林苑一号遗址出土筒瓦、瓦当

1、2. 04ⅠT1③：5　3、4. 04ⅠT1③：10　5、6. 04ⅠT2③：6

1. 当面　2. 背面　3. 当面　4. 背面　5. 当面　6. 背面　7. 当面　8. 背面

图版一二　上林苑一号遗址出土瓦当

1、2.04ⅠT1③：7　3、4.04ⅠT1③：8　5、6.04ⅠT1③：9　7、8.04ⅠT2③：5

2011 年上林苑一号遗址保存情况（东—西）

2012 年上林苑一号遗址发掘前情况（北—南）

图版一三　2012 年上林苑一号遗址发掘前情况

2012 年上林苑一号遗址发掘 Q1（南—北）

2012 年上林苑一号遗址发掘 G3（北—南）

图版一四　2012 年上林苑一号遗址发掘遗迹

2012 年上林苑一号遗址发掘 G3（东南—西北）

2012 年上林苑一号遗址发掘 G3 管道（东—西）

图版一五　2012 年上林苑一号遗址发掘排水管道

1. G4（西—东）

2. Q1 夯土层（西—东）

图版一六　2012 年上林苑一号遗址发掘 G4、Q1 夯土

图版一七　2012年上林苑一号遗址出土铺地砖

1.12ⅠT1②：1　2.12ⅠT1②：2　3.12ⅠT2②：1　4、5.12ⅠT2②：2　6.12ⅠT2②：3

图版一八　2012 年上林苑一号遗址出土铺地砖

1、2.12ⅠT2②：6　3、4.12ⅠG1：6　5.12ⅠT1②：6　6.12ⅠT2②：8

图版一九　2012 年上林苑一号遗址出土铺地砖

1、2.12ⅠT1②：7　3、4.12ⅠT1②：9　5.12ⅠT2②：10　6.12ⅠT2②：12

图版二〇　2012年上林苑一号遗址出土条砖、空心砖

1、2.12ⅠG2：1　3、4.12ⅠT1②：11　5、6.12ⅠT1②：14

图版二一　2012 年上林苑一号遗址出土板瓦

1.12ⅠT1②：15　2.12ⅠT1②：22　3.12ⅠT2②：16　4.12ⅠT1④：3　5.12ⅠT1④：4　6.12ⅠT2④：1

图版二二　2012 年上林苑一号遗址出土板瓦

1、2.12ⅠT1④：2　3、4.12ⅠG1：13　5.12ⅠT1②：19　6.12ⅠT1④：8

图版二三　2012 年上林苑一号遗址出土板瓦

1、2.12ⅠT1④：13　3、4.12ⅠG1：14　5、6.12ⅠG1：37

图版二四　2012 年上林苑一号遗址出土板瓦

1、2.12ⅠG1：53　3、4.12ⅠT2②：45　5、6.12ⅠG1：68

1. 表面　2. 内面

3. 表面　4. 内面

5. 表面　6. 内面

图版二五　2012年上林苑一号遗址出土板瓦

1、2.12ⅠT1②：25　3、4.12ⅠG1：54　5、6.12ⅠT1②：29

图版二六　2012年上林苑一号遗址出土板瓦

1、2.12ⅠG1：70　3、4.12ⅠG2：34　5、6.12ⅠT2②：43

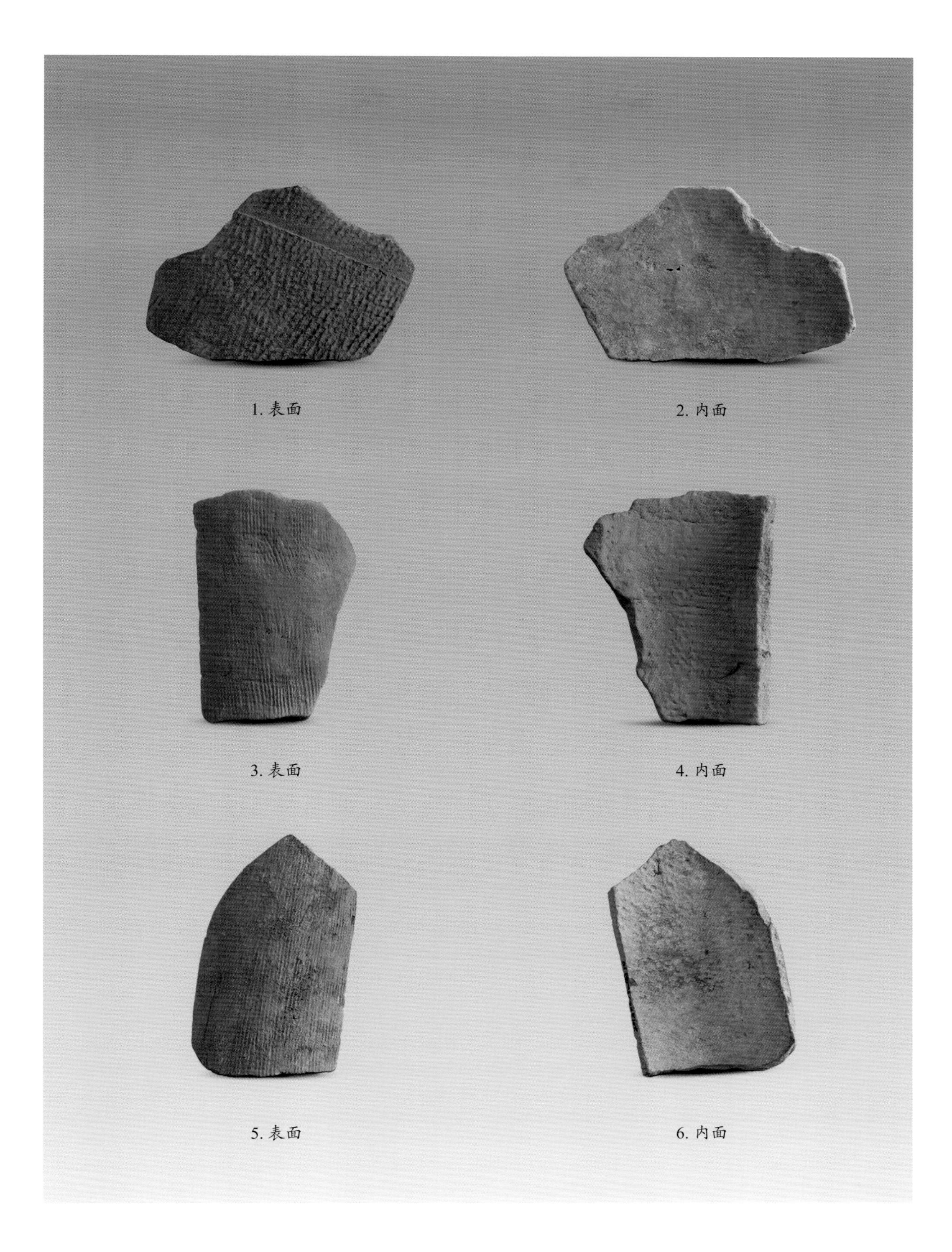
1. 表面
2. 内面
3. 表面
4. 内面
5. 表面
6. 内面

图版二七　2012 年上林苑一号遗址出土板瓦、筒瓦

1、2.12ⅠG2：25　3、4.12ⅠT1④：40　5、6.12ⅠT2④：10

图版二八　2012年上林苑一号遗址出土筒瓦

1、2.12ⅠG1：84　3、4.12ⅠT1④：35　5、6.12ⅠT2④：12

图版二九　2012 年上林苑一号遗址出土筒瓦

1、2.12ⅠG1：83　3.12ⅠT2②：54　4.12ⅠG2：40　5.12ⅠT2②：53　6.12ⅠG1：91

1. 当面　2. 当面　3. 当面　4. 当面　5. 当面　6. 当面

图版三〇　2012年上林苑一号遗址出土瓦当

1.12ⅠT2南扩②：7　2.12ⅠT2②：57　3.12ⅠG1：96　4.12ⅠG1：99　5.12ⅠT1②：45　6.12ⅠT1②：48

图版三一　2012 年上林苑一号遗址出土瓦当

1.12ⅠT1②：49　2.12ⅠT1④：50　3.12ⅠT1②：46　4.12ⅠG2：47　5.12ⅠT2②：64　6.12ⅠT2②：63

图版三二　2012 年上林苑一号遗址出土陶器、铁器、铜钱

1.12ⅠT2②：65　2.12ⅠT1②：57　3.12ⅠT1②：58　4.12ⅠT2②：66　5.12ⅠT1②：60

上林苑二号遗址夯土（东—西）

上林苑二号遗址夯土台夯层（东—西）

图版三三　上林苑二号遗址

图版三四　上林苑二号遗址 T1（南—北）

图版三五　上林苑二号遗址瓦片堆积、础石

图版三六　上林苑二号遗址出土铺地砖、拦边砖、板瓦

1、2.Ⅱ采：1　3、4.Ⅱ采：2　5、6.ⅡT1③：1

图版三七　上林苑二号遗址出土筒瓦、瓦当

1、2. Ⅱ T1③ : 8　3、4. Ⅱ T1③ : 9　5. Ⅱ T1② : 1　6. Ⅱ T1③ : 13

1. 上林苑三号遗址现状

2. 上林苑三号遗址 T1（南—北）

图版三八　上林苑三号遗址

（北—南）

（南—北）

图版三九　上林苑三号遗址 T1

Ⅲ T1D1

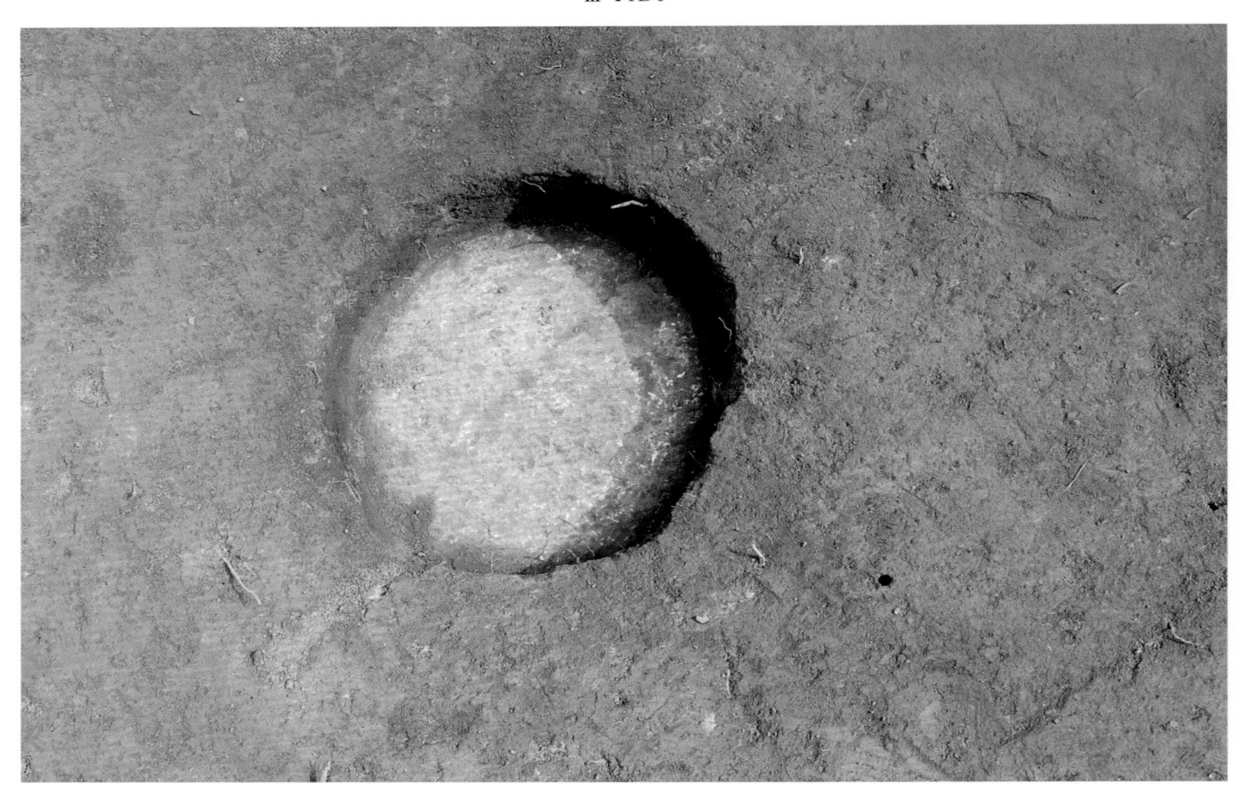

Ⅲ T1D2

图版四〇　上林苑三号遗址柱洞、础石

图版四一　上林苑三号遗址础石

1　2　3　4　5. 表面　6. 表面

图版四二　上林苑三号遗址出土铺地砖、拦边砖、板瓦

1. ⅢT1③：1　2. ⅢT1③：2　3、4. ⅢT1③：3　5. ⅢT1③：6　6. ⅢT1③：32

图版四三　上林苑三号遗址出土板瓦

1.ⅢT1③：5　2、3.ⅢT1③：33　4.ⅢT1③：34　5.ⅢT1③：9　6.ⅢT1③：12

1. 表面
2. 内面
3. 表面
4. 内面
5. 表面
6. 表面

图版四四　上林苑三号遗址出土筒瓦

1、2.ⅢT1③：14　3、4.ⅢT1③：13　5.ⅢT1③：51　6.ⅢT1③：15

1. 表面　2. 内面　3. 表面　4. 内面　5. 表面　6. 表面

图版四五　上林苑三号遗址出土筒瓦

1、2.ⅢT1③：45　3、4.Ⅲ采：4　5.ⅢT1③：20　6.ⅢT1③：19

1. 表面　2. 当面　3. 内面　4. 当面　5. 内面　6. 当面

图版四六　上林苑三号遗址出土筒瓦、瓦当

1.ⅢT1③：46　2、3.ⅢT1③：23　4、5.ⅢT1③：24　6.ⅢT1③：22

1. 当面　2. 当面　3. 表面　4. 正面　5. 表面　6

图版四七　上林苑三号遗址出土、采集瓦当、陶水管、钱范、空心砖、铜钱

1. ⅢT1③：21　2. Ⅲ采：1　3. ⅢT1③：30　4. ⅢT1③：31　5. Ⅲ采：2　6. ⅢT1③：29

图版四八　上林苑三号遗址采集空心砖、陶水管

1、2.Ⅲ采：3　3、4.Ⅲ采：5　5、6.Ⅲ采：6

1. 足立喜六拍摄的上林苑四号遗址

2. 2005 年上林苑四号遗址

图版四九　上林苑四号遗址

图版五〇　上林苑四号遗址 T1（南—北）

李毓芳（右）、闫松林（左）在进行遗址清理

张建锋在进行遗址测绘

图版五一　上林苑四号遗址的清理、测绘

T1清理础石

图版五二　上林苑四号遗址高台建筑局部

图版五三　上林苑四号遗址出土板瓦、筒瓦

1.ⅣT1③：1　2.ⅣT1③：3　3、4.ⅣT1③：6　5.ⅣT1③：5　6.ⅣT1③：4

T2 内清理遗迹局部（东南—西北）

T2 内开放式廊道铺砖（南—北）

图版五四　上林苑四号遗址北侧建筑

T2 内上殿坡道及其东侧柱洞（东南—西北）

T2 内上殿阶（西南—东北）

图版五五　上林苑四号遗址北侧建筑局部

T2 内上殿坡道东侧柱洞（东南—西北）

T2 内上殿阶东侧柱洞（北—南）

图版五六　上林苑四号遗址北侧建筑柱洞

图版五七　上林苑四号遗址北侧建筑出土铺地砖

1.ⅣT2③：6　2.ⅣT2③：4　3.ⅣT2③：43　4.ⅣT2③：44　5、6.ⅣT2③：27

图版五八　上林苑四号遗址北侧建筑出土空心砖、板瓦

1.ⅣT2③：46　2.ⅣT2③：8　3.ⅣT2③：9　4.ⅣT2③：20　5、6.ⅣT2③：18

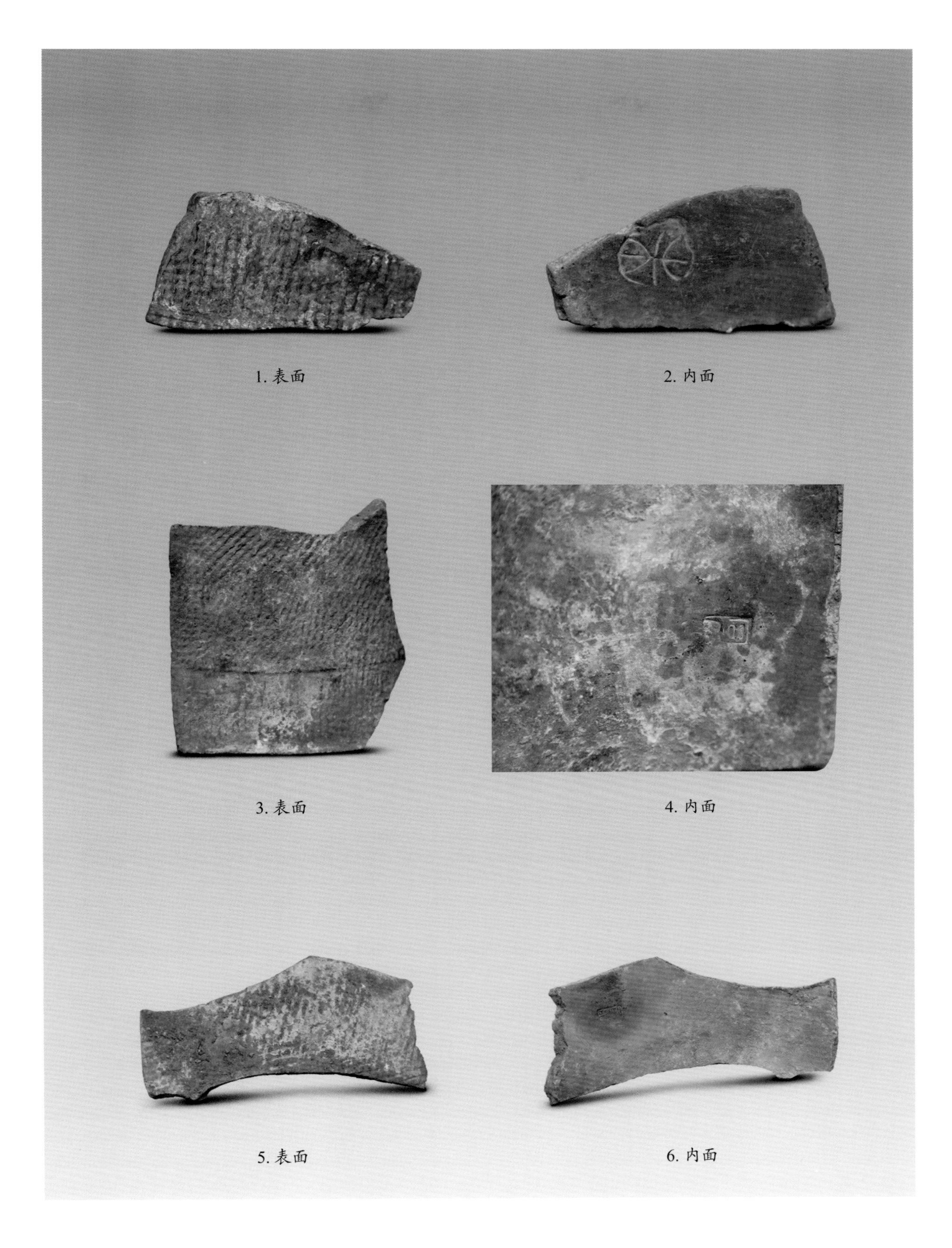

图版五九　上林苑四号遗址北侧建筑出土板瓦

1、2.ⅣT2③：19　3、4.ⅣT2③：15　5、6.ⅣT2③：17

图版六〇　上林苑四号遗址北侧建筑出土板瓦

1、2.ⅣT2③：21　3、4.ⅣT2③：24　5、6.ⅣT2③：11

图版六一　上林苑四号遗址北侧建筑出土板瓦

1、2.ⅣT2③：22　3、4.ⅣT2③：23　5、6.ⅣT2③：25

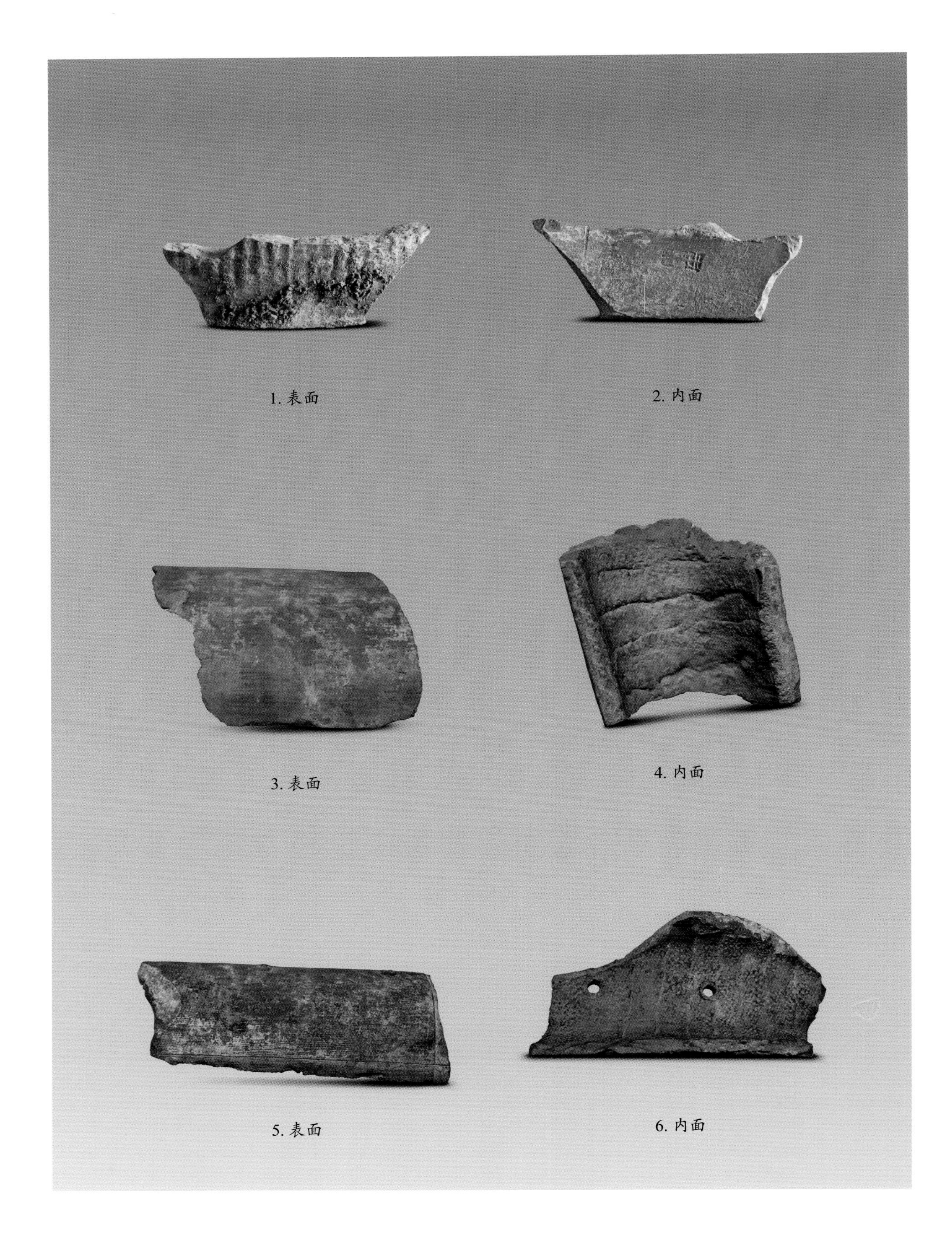

图版六二　上林苑四号遗址北侧建筑出土板瓦、筒瓦

1、2.ⅣT2③：52　3、4.ⅣT2③：30　5、6.ⅣT2③：28

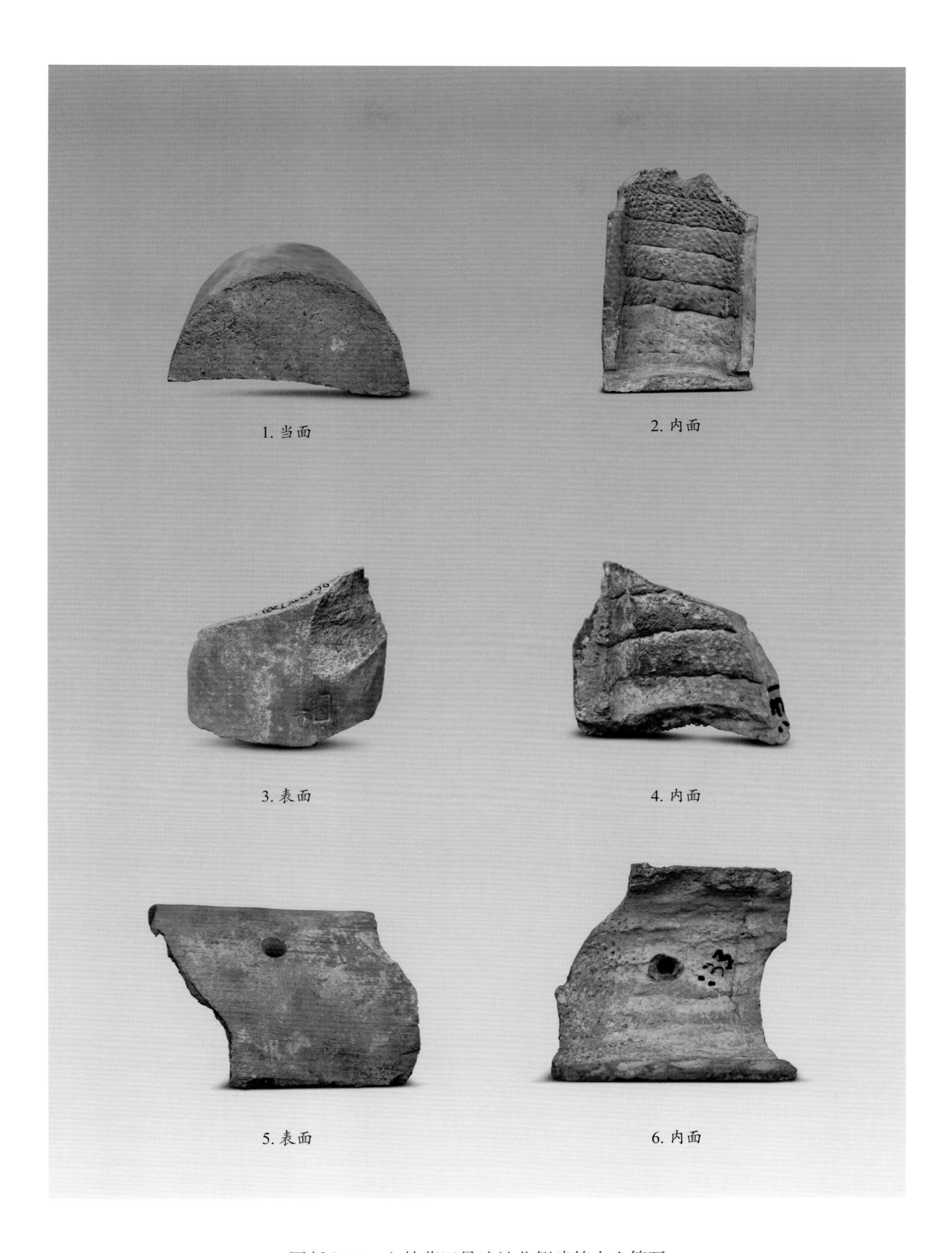

1. 当面　2. 内面　3. 表面　4. 内面　5. 表面　6. 内面

图版六三　上林苑四号遗址北侧建筑出土筒瓦

1、2.ⅣT2③：29　3、4.ⅣT2③：31　5、6.ⅣT2③：33

1. 表面　2. 表面　3. 表面　4. 内面　5. 当面　6. 背面

图版六四　上林苑四号遗址北侧建筑出土筒瓦、瓦当

1、2.ⅣT2③：53　3、4.ⅣT2③：34　5、6.ⅣT2③：37

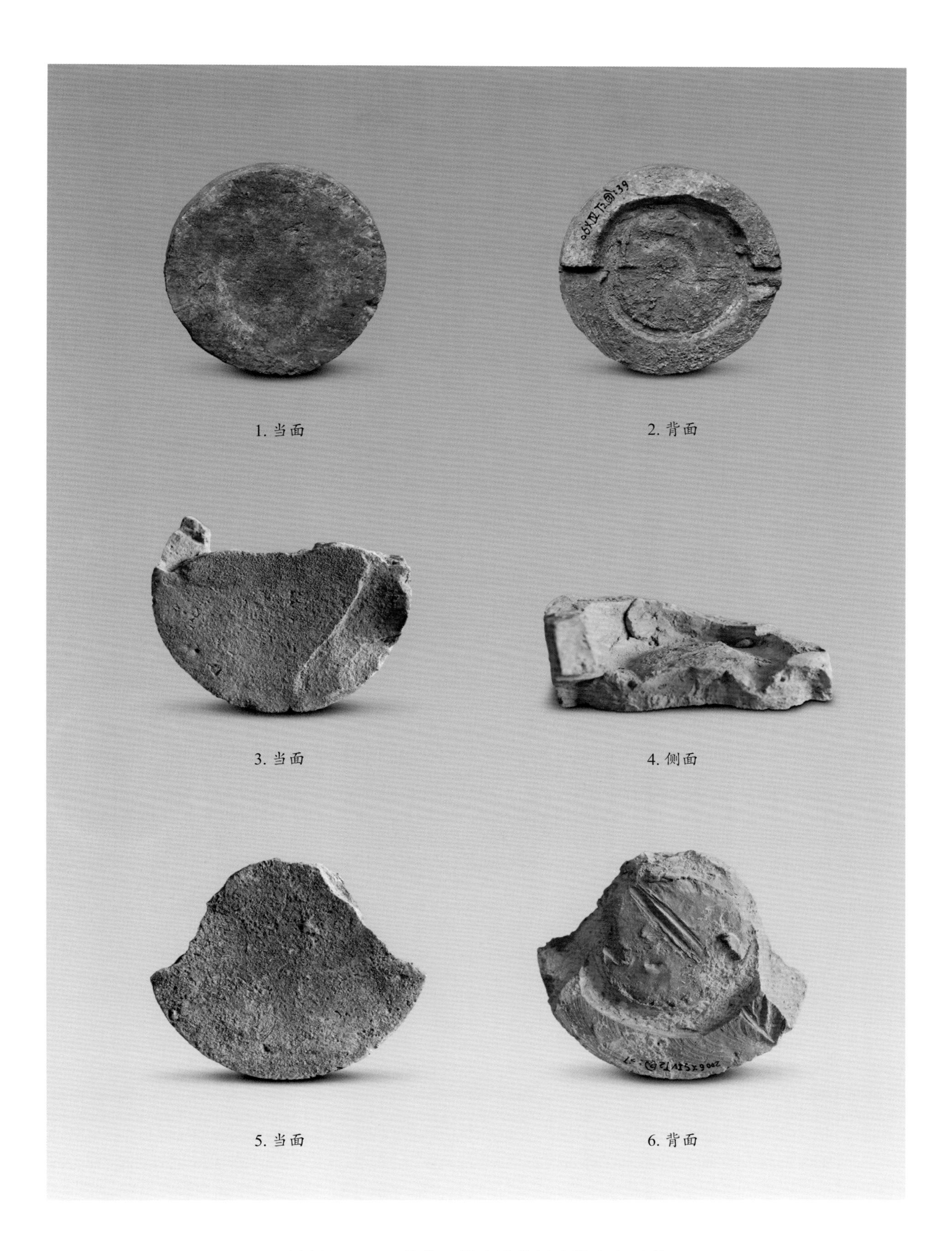

图版六五　上林苑四号遗址北侧建筑出土瓦当

1、2.ⅣT2③：39　3、4.ⅣT2③：56　5、6.ⅣT2③：57

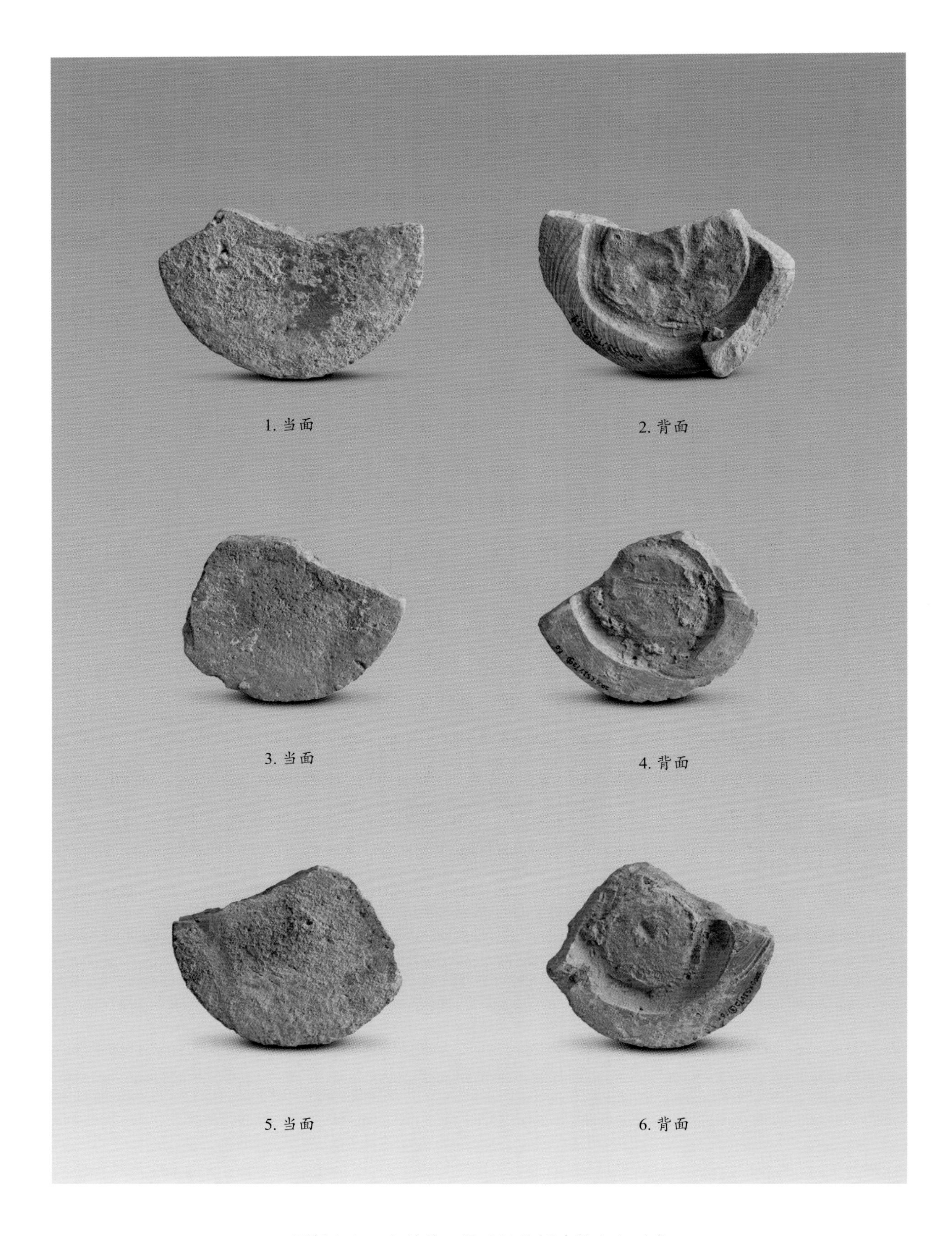

1. 当面　2. 背面
3. 当面　4. 背面
5. 当面　6. 背面

图版六六　上林苑四号遗址北侧建筑出土瓦当

1、2.ⅣT2③：59　3、4.ⅣT2③：60　5、6.ⅣT2③：61

图版六七　上林苑四号遗址北侧建筑出土瓦当

1、2.ⅣT2③：35　3、4.ⅣT2③：36

东组排水管道（南—北）

北侧管道弯头（南—北）

图版六八　上林苑四号遗址高台东部遗址东组排水管道

东组排水管道弯头（西—东）

排水管道（南—北）

图版六九　上林苑四号遗址高台东部遗址东组排水管道细部

图版七〇　上林苑四号遗址高台东部遗址西组排水管道

图版七一　上林苑四号遗址高台东部遗址西组排水管道细部

李毓芳（左）、王自力（右）在测量排水管道

李毓芳（左）、刘庆柱（右）在测量排水管道

图版七二　上林苑四号遗址高台东部遗址西组排水管道清理

图版七三　上林苑四号遗址高台东部出土铺地砖、拦边砖、板瓦

1、2.ⅣT4夯土：1　3.ⅣT3夯土：2　4.ⅣT3夯土：1　5、6.ⅣT4夯土：2

1. 表面　2. 内面

3. 表面　4. 内面

5. 表面　6. 内面

图版七四　上林苑四号遗址高台东部出土板瓦、筒瓦

1、2.ⅣT4③：2　3、4.ⅣT4③：1　5、6.ⅣT4夯土：3

图版七五　上林苑四号遗址高台东部出土筒瓦

1、2.ⅣT4夯土：4　3、4.ⅣT4夯土：5　5.ⅣT4③：3　6.ⅣT4③：4

图版七六　上林苑四号遗址高台东部出土陶水管

1、2.ⅣT3夯土：3　3、4.ⅣT4③：6　5、6.ⅣT4夯土：6

1. 表面　2. 内面

3. 表面　4. 内面

5. 当面　6. 背面

图版七七　上林苑四号遗址采集空心砖、瓦当

1、2.Ⅳ采：4　3、4.Ⅳ采：5　5、6.Ⅳ采：1

1. 当面　2. 背面　3. 当面　4. 当面　5. 当面　6. 当面

图版七八　上林苑四号遗址采集瓦当

1、2.Ⅳ采：2　3.Ⅳ采：7　4.Ⅳ采：10　5.Ⅳ采：12　6.Ⅳ采：8

1. 当面　2. 背面　3. 当面　4. 当面　5. 当面　6. 表面

图版七九　上林苑四号遗址采集瓦当、陶水管

1、2.Ⅳ采：11　3.Ⅳ采：3　4.Ⅳ采：13　5.Ⅳ采：9　6.Ⅳ采：6

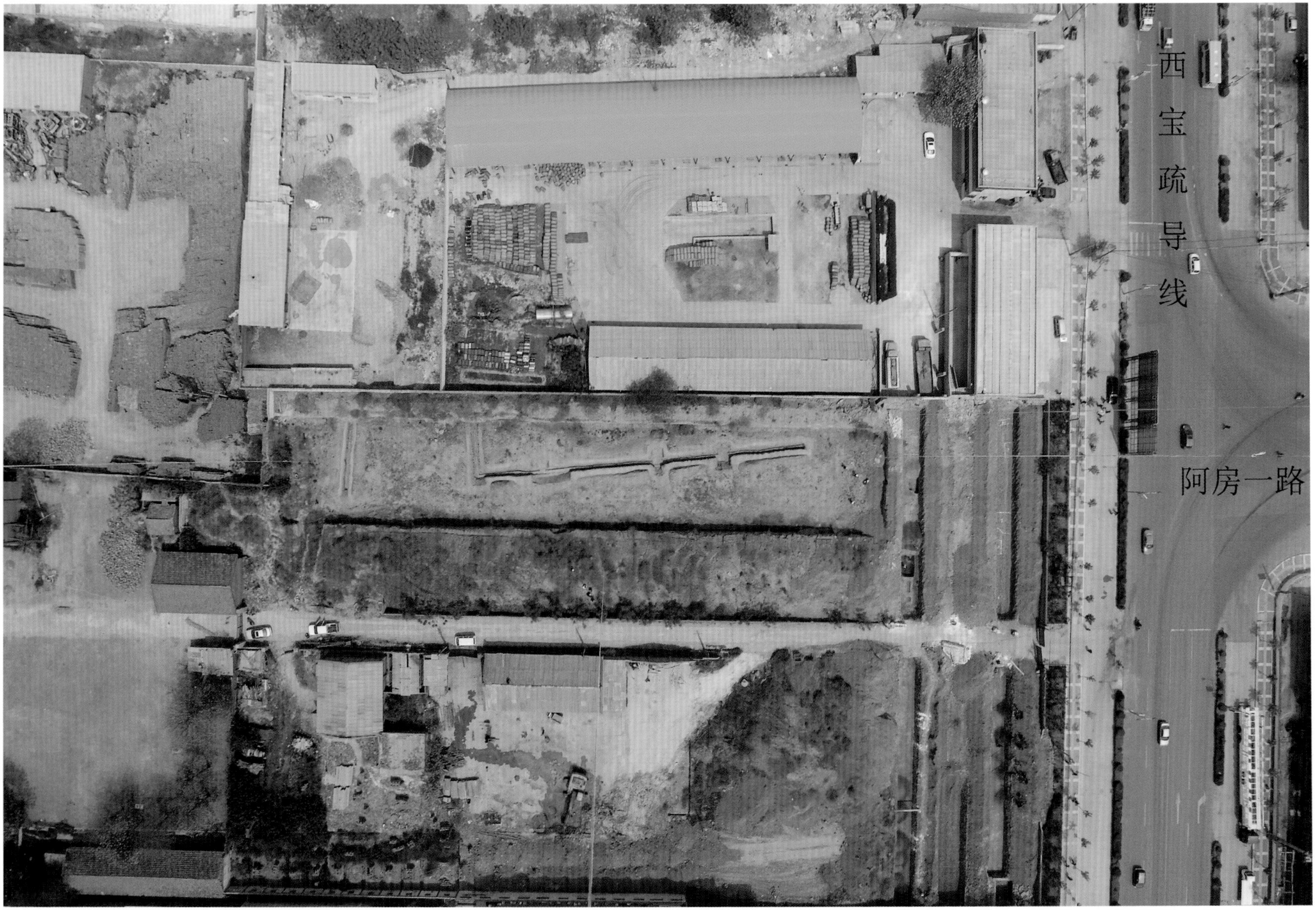

图版八〇　上林苑五号遗址航拍

五号遗址第一组排水管道（北—南）

上林苑五号第二组管道（东—西）

图版八一　上林苑五号遗址排水管道

图版八二　上林苑五号遗址第二组排水管道（南—北）

五号遗址第二组排水管道

五号遗址第二组排水管道

图版八三　上林苑五号遗址排水管道

五号遗址第二组排水管道转角处

五号遗址第二组排水管道

图版八四　上林苑五号遗址排水管道

图版八五　上林苑五号遗址出土铺地砖、板瓦

1、2.ⅤT1③：1　3、4.ⅤT1③：2　5.ⅤT1③：3　6.ⅤT1③：13

图版八六　上林苑五号遗址出土、采集板瓦、筒瓦

1.Ⅴ采：2　2.ⅤT1③：4　3、4.ⅤT1③：5　5.ⅤT1③：14　6.Ⅴ采：3

图版八七　上林苑五号遗址出土瓦当

1、2.ⅤT1③：12　3、4.ⅤT1③：11　5、6.ⅤT1③：6

1. 当面　2. 背面　3. 当面　4. 背面　5. 当面　6. 背面

图版八八　上林苑五号遗址出土瓦当

1、2.ⅤT1③：7　3、4.ⅤT1③：8　5、6.ⅤT1③：10

1. 当面　2. 背面

3. 当面　4. 背面

图版八九　上林苑五号遗址出土、采集瓦当

1、2. VT1③：9　3、4. V采：1

上林苑六号遗址现状

上林苑六号遗址清理

图版九〇　上林苑六号遗址清理

图版九一　上林苑六号遗址出土板瓦

1、2.ⅥT1③：1　3.ⅥT1③：2　4.ⅥT1③：23　5.ⅥT1③：47　6.ⅥT1③：60

图版九二　上林苑六号遗址出土板瓦

1. ⅥT1③：26　2. ⅥT1③：28　3. ⅥT1③：39　4. ⅥT1③：20　5. ⅥT1③：21　6. ⅥT1③：22

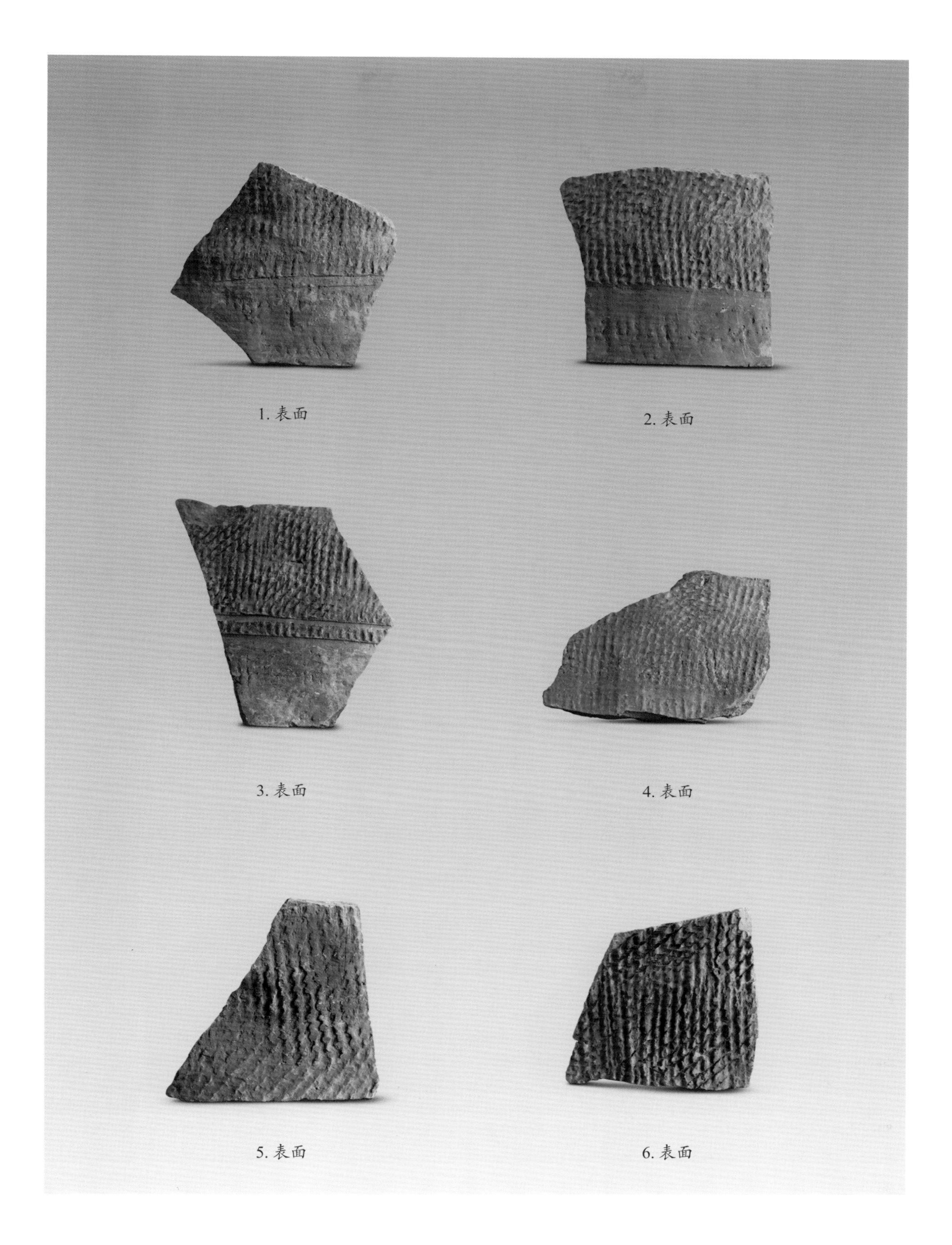

图版九三　上林苑六号遗址出土板瓦

1.ⅥT1③：30　2.ⅥT1③：31　3.ⅥT1③：32　4.ⅥT1③：43　5.ⅥT1③：44　6.ⅥT1③：46

1. 表面　2. 表面　3. 表面　4. 表面　5. 表面　6. 表面

图版九四　上林苑六号遗址出土板瓦

1.ⅥT1③：3　2.ⅥT1③：4　3.ⅥT1③：5　4.ⅥT1③：6　5.ⅥT1③：7　6.ⅥT1③：8

图版九五　上林苑六号遗址出土板瓦、筒瓦

1.ⅥT1③：24　2.ⅥT1③：27　3、4.ⅥT1③：11　5、6.ⅥT1③：15

图版九六　上林苑六号遗址出土筒瓦

1、2.ⅥT1③：90　3、4.ⅥT1③：16　5、6.ⅥT1③：17

图版九七　上林苑六号遗址出土筒瓦

1、2.ⅥT1③：78　3、4.ⅥT1③：82　5、6.ⅥT1③：87

1. 表面　2. 内面
3. 表面　4. 内面
5. 表面　6. 内面

图版九八　上林苑六号遗址出土筒瓦

1、2. ⅥT1③：91　3、4. ⅥT1③：95　5、6. ⅥT1③：98

图版九九　上林苑六号遗址出土筒瓦、瓦当

1、2.ⅥT1③：104　3、4.ⅥT1③：81　5、6.ⅥT1③：19

1. 一号桥　2. 二号桥　3. 新皂河　4. 汉长安城西南城角　5. 西安三环　6. 陇海铁路

图版一〇〇　上林苑七号遗址航拍

一号古桥（西南—东北）

一号古桥（东南—西北）

图版一〇一　上林苑七号遗址一号古桥

一号古桥（南—北）

一号古桥桥桩（南—北）

图版一〇二　上林苑七号遗址一号古桥

一号古桥第一排桥桩（西南—东北）

一号古桥第一排桥桩（西北—东南）

图版一〇三　上林苑七号遗址一号古桥桥桩

一号古桥第二排桥桩（东北—西南）

一号古桥第一、二排桥桩（东北—西南；左为第一排，右为第二排）

图版一〇四　上林苑七号遗址一号古桥桥桩

一号古桥第二排桥桩（西南—东北）

一号古桥第二排桥桩东端无火烧痕迹的横木

图版一〇五　上林苑七号遗址一号古桥桥桩

一号古桥第三排桥桩（西南—东北）

一号古桥第三排桥桩局部（北—南）

图版一〇六　上林苑七号遗址一号古桥桥桩

一号古桥遗址第四排桥桩（东北—西南）

一号古桥第四排桥桩西端南侧横木（东南—西北）

图版一〇七　上林苑七号遗址一号古桥桥桩

1. 一号古桥，第一排Ⅰ：32 顶端十字交叉的凹槽榫卯结构

2. 一号古桥第一排第 35、37 号桥桩（南—北）

3. 一号古桥采集桥桩采 2 局部

4. 一号古桥遗址采集桥桩采 2

5. 一号古桥遗址 TG1

6. 一号古桥遗址 TG1 底部

7. 一号古桥 TG2

8. 一号古桥遗址 TG2 底部

图版一〇八　上林苑七号遗址一号古桥桥桩

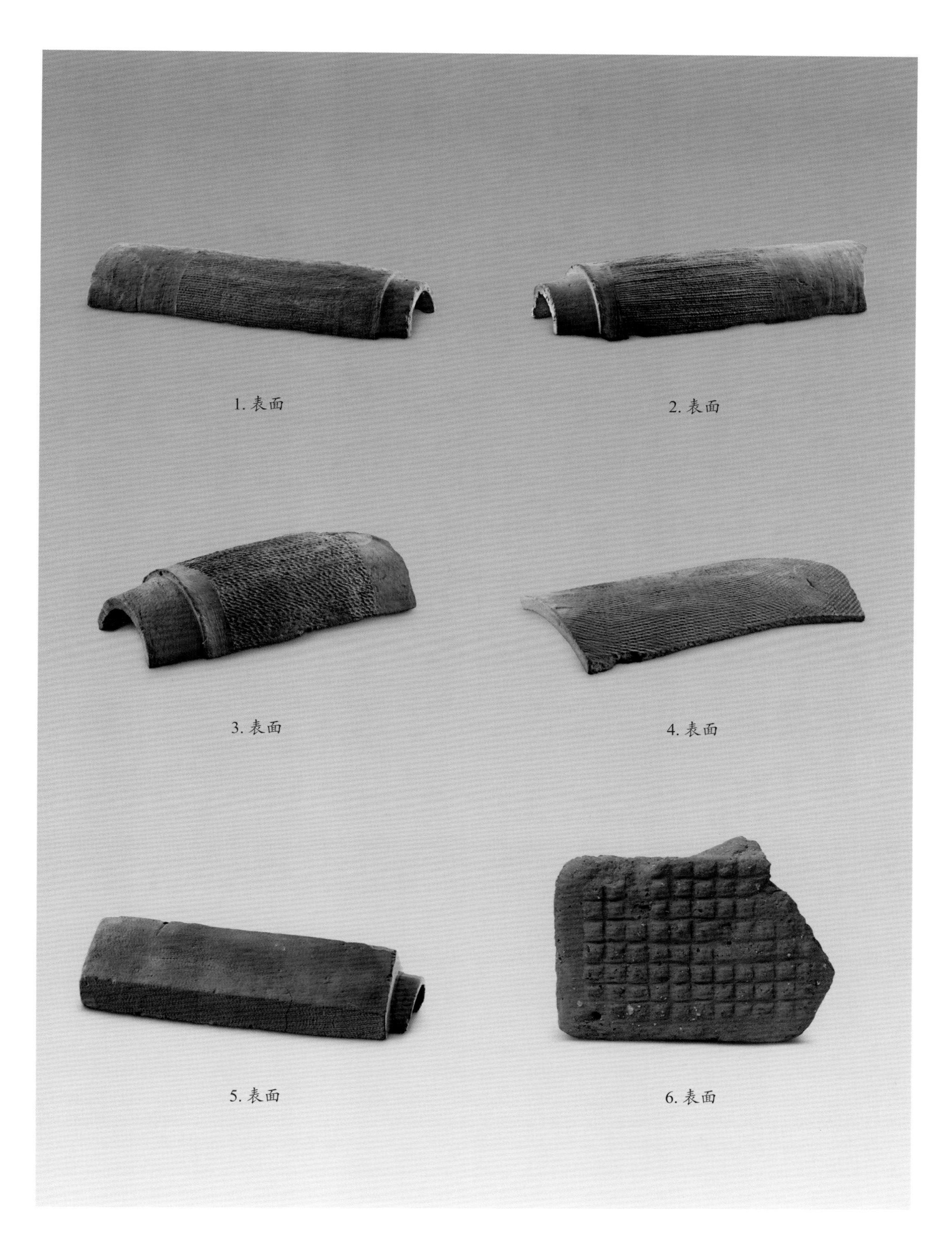

1. 表面

2. 表面

3. 表面

4. 表面

5. 表面

6. 表面

图版一〇九　上林苑七号遗址一号古桥出土筒瓦、板瓦、脊瓦、砖

1.T2：7　2.T1：7　3.T4：2　4.T2：11　5.T1：5　6.T5：7

1　2　3. 当面　4. 当面　5. 当面　6. 当面

图版一一〇　上林苑七号遗址一号古桥出土字母砖、瓦当

1.T4：10　2.T5：4　3.T1：1　4.T5：9　5.T2：5　6.T2：6

图版一一一　上林苑七号遗址一号古桥出土钱范、铜器、铁器

1、2.T2：2　3.T2：8　4.T2：9　5.T2：14　6.T1：10

图版一一二　上林苑七号遗址一号古桥出土铁器

1.T2：10　2.T2：12　3.T6：8　4、5.T6：11、12　6.T6：9

1 2 3 4 5 6

图版一一三　上林苑七号遗址一号古桥出土铁器、石器

1.T5：13　2.T6：6　3.T6：10　4、5.T4：13　6.T7：1

二号古桥残存桥桩（南—北）

二号古桥桥桩（南—北）

图版一一四　上林苑七号遗址二号

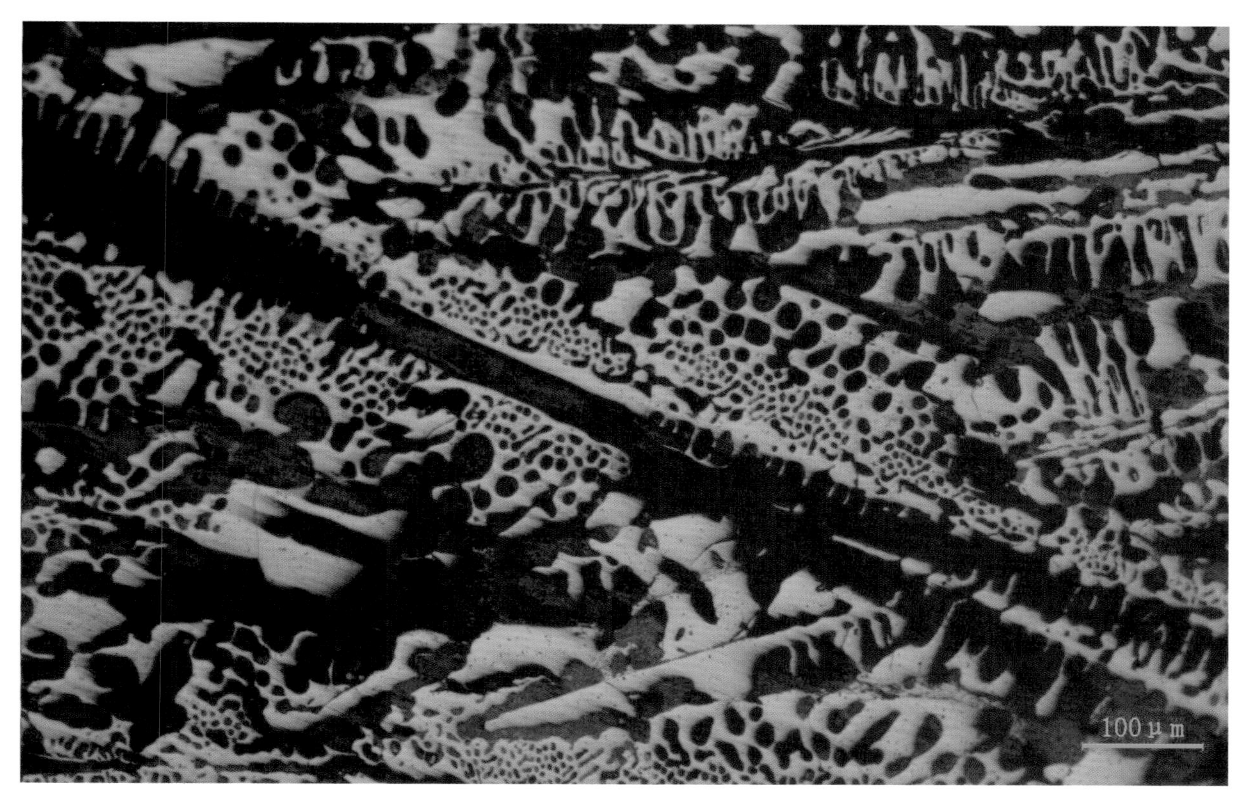

铁斧金相分析未浸蚀

铁斧金相分析浸蚀后

图版一一五　上林苑七号遗址铁器金相

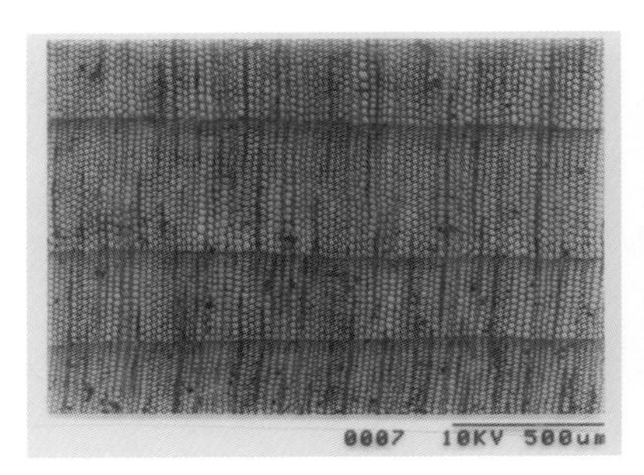

侧柏横切面

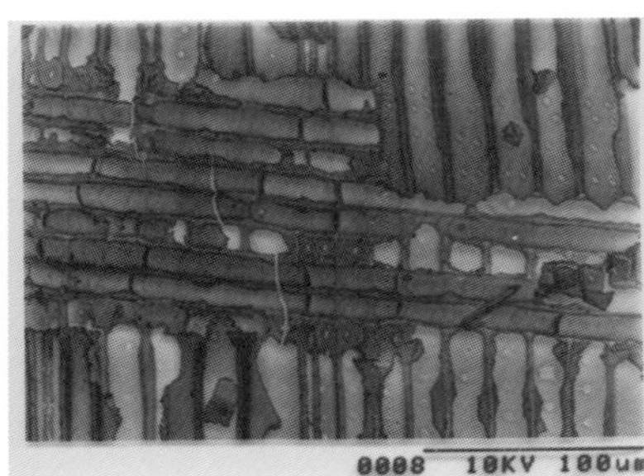

侧柏径切面

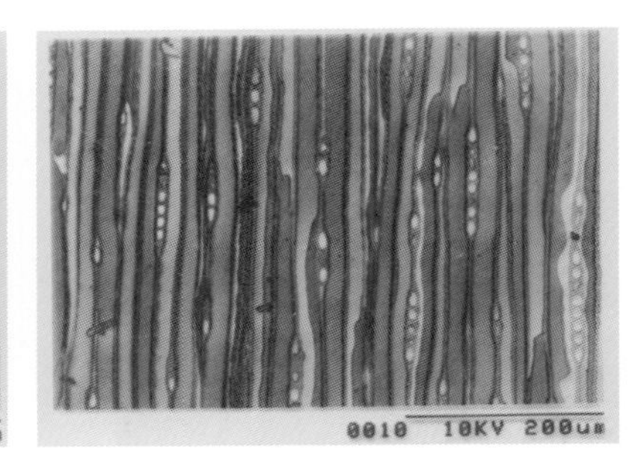

侧柏弦切面

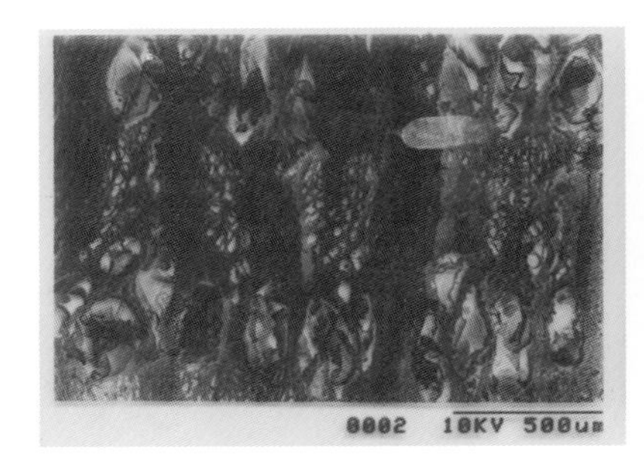

栎属横切面

栎属径切面

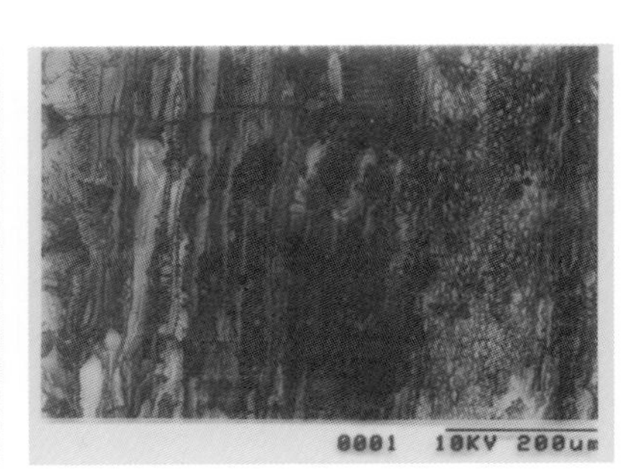

栎属弦切面

桢楠横切面

桢楠径切面

桢楠弦切面

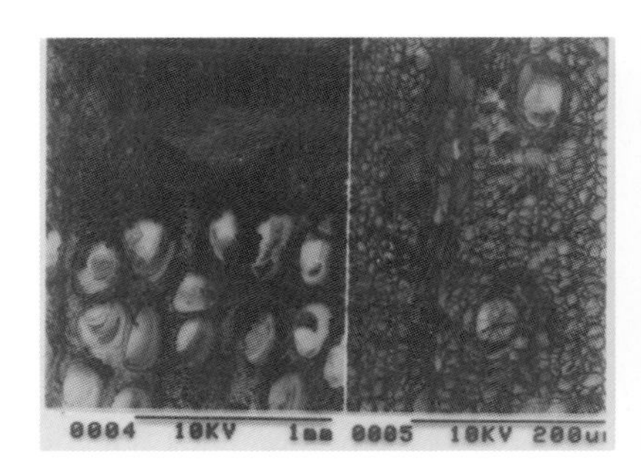

漆属横切面

漆属径切面

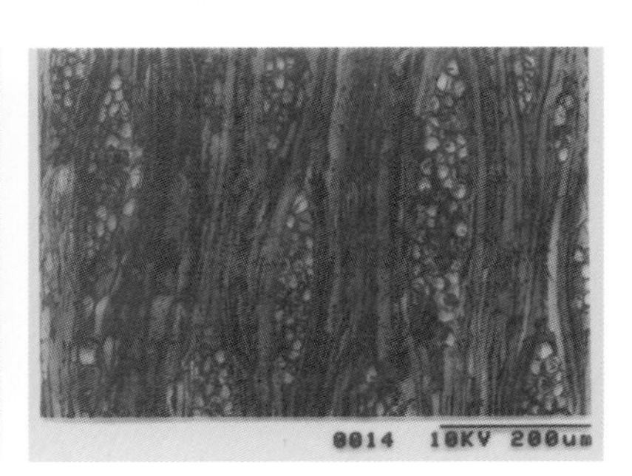

漆属弦切面

图版一一六　上林苑七号遗址木材切片

上林苑八号遗址西侧夯土（西南—东北）

上林苑八号遗址东侧夯土（东北—西南）

图版一一七　上林苑八号遗址

1. 表面　2. 内面
3. 表面　4. 内面
5. 表面　6. 内面

图版一一八　上林苑八号遗址采集板瓦

1、2.Ⅷ采：1　3、4.Ⅷ采：2　5、6.Ⅷ采：3

1 当面　2. 侧面　3. 当面　4. 背面

图版一一九　上林苑八号遗址采集瓦当

1、2.Ⅷ采：5　3、4.Ⅷ采：4

图版一二〇　上林苑九号遗址出土铺地砖、子母口砖、板瓦

1、2.ⅨT1②：1　3、4.ⅨT1②：2　5.ⅨT1②：3　6.ⅨT1②：4

图版一二一　上林苑九号遗址出土板瓦、筒瓦

1、2.ⅨT1②：5　3、4.ⅨT1②：6　5、6.ⅨT1②：7

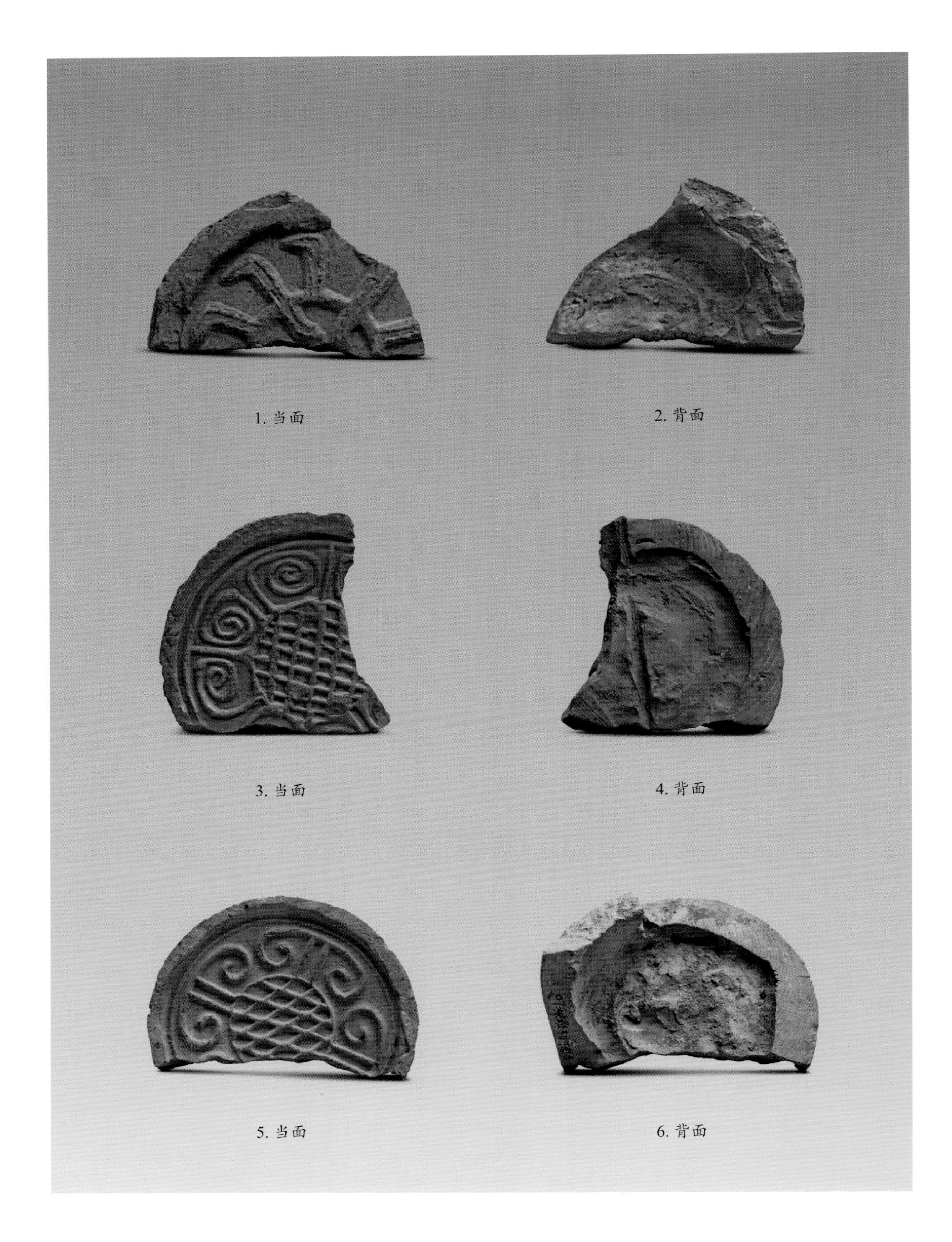
1. 当面
2. 背面
3. 当面
4. 背面
5. 当面
6. 背面

图版一二二　上林苑九号遗址出土瓦当

1、2.Ⅸ采：1　3、4.Ⅸ采：2　5、6.ⅨT1②：8

20 世纪 60 年代中期的上林苑十号遗址

1967 年的上林苑十号遗址

图版一二三　20 世纪 30 年代的上林苑十号遗址

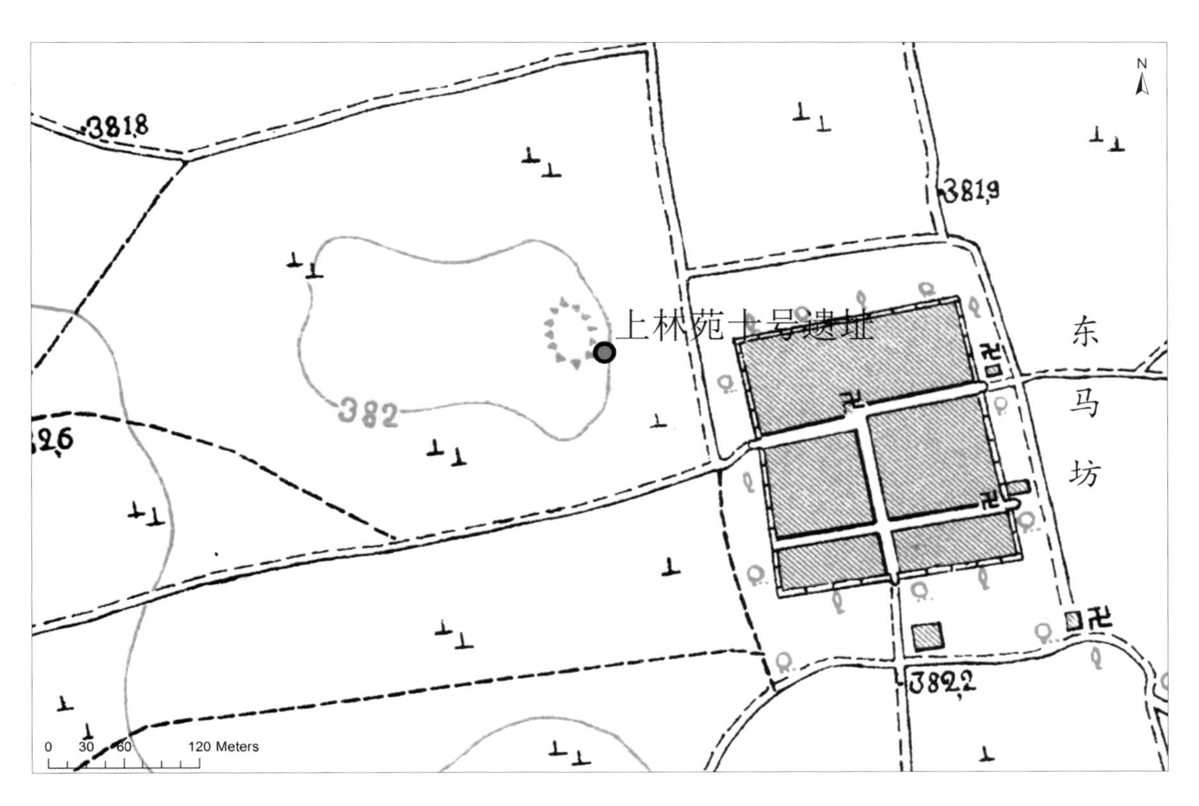

图版一二四　20 世纪 60 年代的上林苑十号遗址

图版一二五　1967 年卫片中可见的上林苑十号遗址遗迹分布

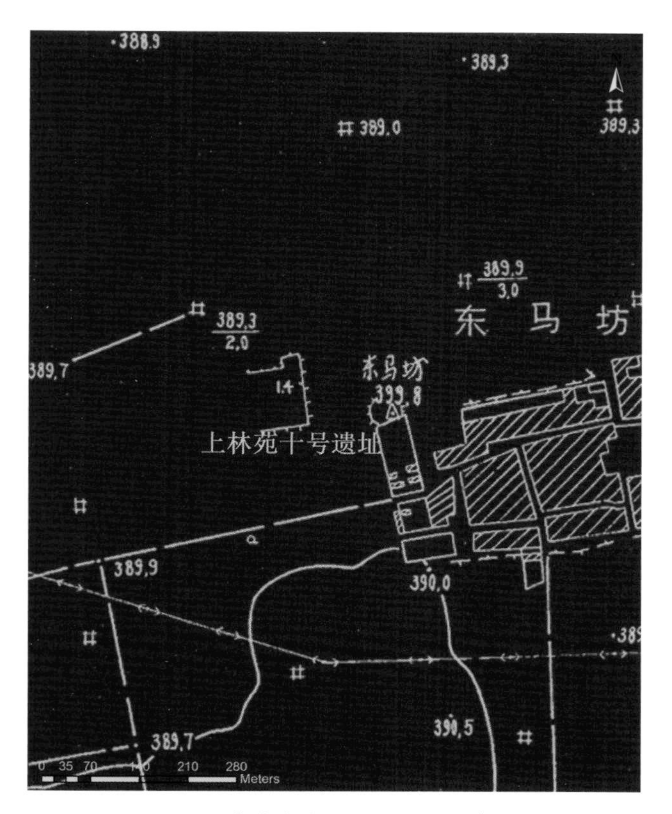

20 世纪 70 年代中期的上林苑十号遗址

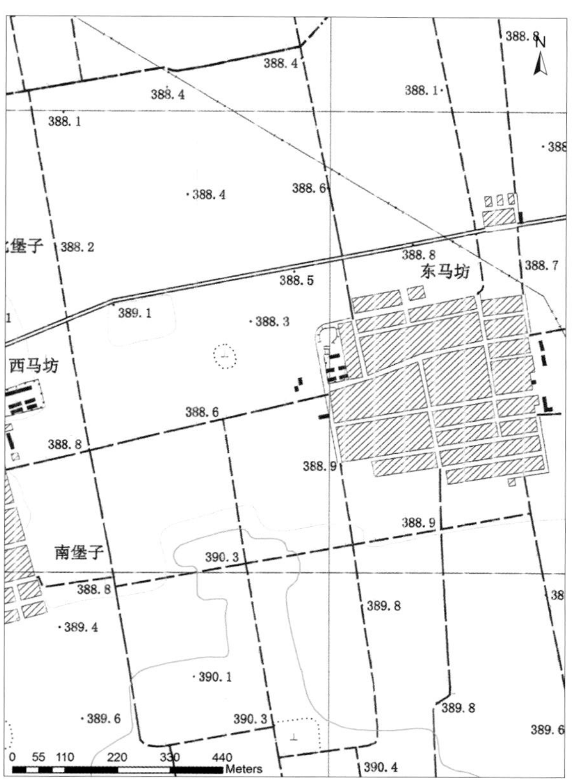

20 世纪 90 年代后期的上林苑十号遗址

图版一二六　20 世纪 70 年代到 20 世纪 90 年代的上林苑十号遗址

2008 年保存的东马坊遗址（南—北）

2012 年 2 月台基西侧的新建厂房与掏挖破坏

图版一二七　2008~2012 年的上林苑十号遗址

图版一二八　2016 年的上林苑十号遗址

图版一二九　上林苑十号遗址采集陶水管、板瓦

1、2. X采：8　3、4. X采：1　5、6. X采：9

图版一三〇　上林苑十号遗址采集筒瓦

1、2.X采：3　3、4.X采：6　5、6.X采：2

1. 表面　2. 内面

3. 表面　4. 内面

5. 表面　6. 当面

图版一三一　上林苑十号遗址采集筒瓦、瓦当

1、2.X采：4　3、4.X采：5　5.X采：10　6.X采：7

1. 当面　2. 背面

3. 当面　4. 背面

5. 当面　6. 内面

图版一三二　上林苑十号遗址采集瓦当

1、2.X采：11　3、4.X采：12　5、6.X采：13

图版一三三　上林苑十号遗址采集瓦当

1、2.X采：14　3、4.X采：20　5、6.X采：21

图版一三四　上林苑十号遗址采集瓦当

1、2、3.X采：23　4.X采：17　5、6.X采：18

图版一三五　上林苑十号遗址采集瓦当

1、2.X采：19　3、4.X采：22　5、6.X采：15

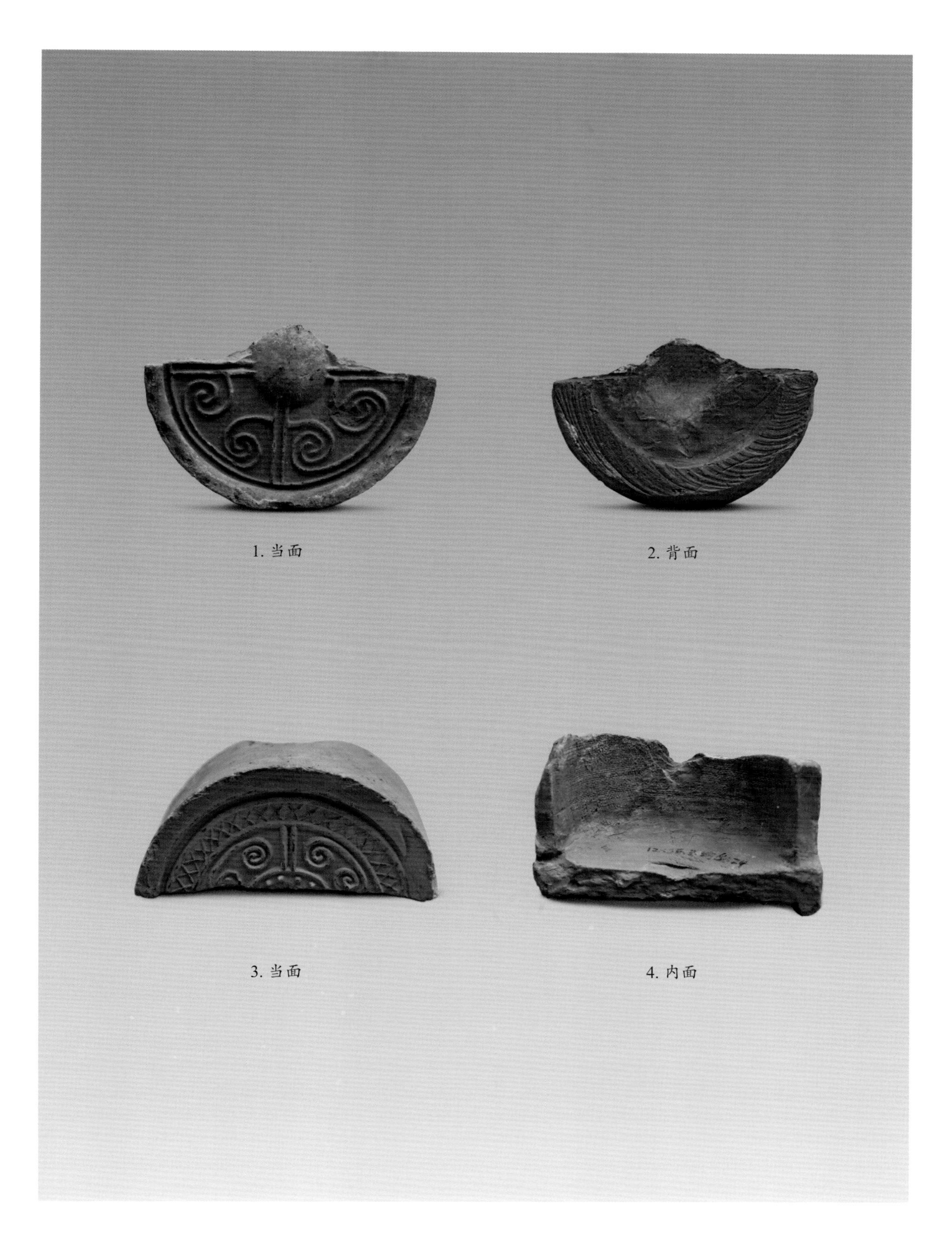

1. 当面　　2. 背面

3. 当面　　4. 内面

图版一三六　上林苑十号遗址采集瓦当

1、2. X采：16　3、4. X采：24

图版一三七　上林苑十一号遗址采集板瓦、筒瓦

1.XI采：2　2.XI采：1　3.XI采：3　4.XI采：6　5.XI采：5　6.XI采：4

1. 当面

2. 背面

3. 当面

4. 背面

5. 表面

6. 内面

图版一三八　上林苑十一号遗址采集瓦当、陶水管

1、2.XI采：14　3、4.XI采：7　5、6.XI采：8

1. 正面　2. 背面　3. 正面　4. 正面　5. 正面　6. 正面

图版一三九　上林苑十一号遗址采集钱范

1、2.XI采：9　3.XI采：10　4.XI采：11　5.XI采：12　6.XI采：13

图版一四〇　东凹里遗址采集板瓦、筒瓦

1、2.DW采：1　3、4.DW采：2　5、6.DW采：3

图版一四一　东凹里遗址采集筒瓦、瓦当

1、2.DW采：4　3、4.DW采：7　5、6.DW采：5

1. 当面　2. 背面

3. 正面　4. 背面

图版一四二　东凹里遗址采集瓦当、钱范

1、2.DW采：6　3、4.DW采：8

图版一四三　王寺遗址采集板瓦、筒瓦

1、2.WS采：1　3、4.WS采：2　5、6.WS采：3

1. 正面
2. 内面
3. 当面
4. 表面
5. 内面
6. 当面
7. 表面
8. 内面

图版一四四　小苏村遗址采集空心砖、瓦当

1、2.XS采：1　3、4、5.XS采：2　6、7、8.XS采：4

图版一四五　小苏村遗址采集瓦当、新军寨遗址采集筒瓦、钱范

1、2、3.XS采：3　4、5.XJ采：7　6、7.XJ采：2

1. 正面　2. 背面　3. 正面　4. 背面　5. 正面　6. 背面

图版一四六　新军寨遗址采集钱范

1、2.XJ采：1　3、4.XJ采：3　5、6.XJ采：4

图版一四七　新军寨遗址采集钱范、陶器

1、2.XJ采：5　3、4.XJ采：6　5、6.XJ采：8

图版一四八　镐京墓园遗址采集板瓦、筒瓦

1、2.HM采：1　3、4..HM采：4　5、6.HM采：3　7、8：HM采：2

图版一四九　大原村遗址采集板瓦、筒瓦

1、2.DY采：1　3、4.DY采：3　5、6.DY采：2

图版一五〇　贺家村遗址采集板瓦、筒瓦

1、2.HJ采：2　3、4.HJ采：1　5、6.HJ采：3　7、8.HJ采：4　9、10.HJ采：5

图版一五一　岳旗寨遗址采集条砖、板瓦

1、2.YQ采：1　3、4.YQ采：3　5、6.YQ采：2

1. 表面　2. 内面

3. 表面　4. 内面

5. 内部　6. 底部

图版一五二　杜家村采集板瓦、筒瓦、陶器

1、2.DJ采：1　3、4.DJ采：2　5、6.DJ采：3

1967 年卫星照片中的集贤东村遗址

1967 年卫星照片中的集贤东村高台

图版一五三　1967 年卫星照片中的集贤东村遗址和高台

图版一五四　2012年集贤东村遗址调查、钻探

图版一五五　集贤东村遗址采集铺地砖

1、2.JX采：1　3、4.JX采：2　5、6.JX采：3

图版一五六　集贤东村遗址采集铺地砖

1、2.JX采：4　3、4.JX采：5　5、6.JX采：13

图版一五七　集贤东村遗址采集板瓦

1、2.JX采：6　3、4.JX采：7　5、6.JX采：8

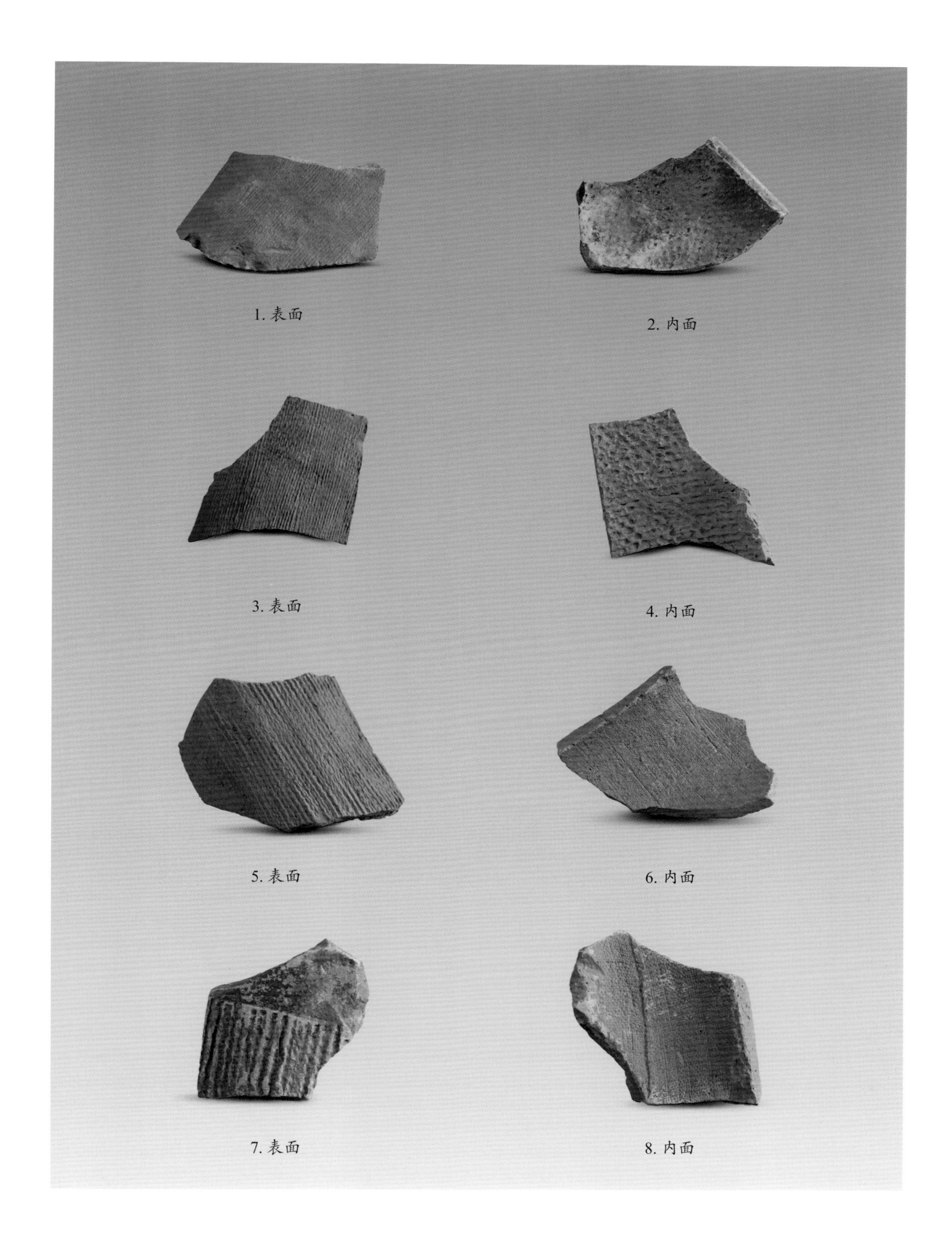

图版一五八　集贤东村遗址采集筒瓦

1、2.JX采：9　3、4.JX采：10　5、6.JX采：11　7、8.JX采：12

1. 当面　2. 背面

3. 当面　4. 背面

5. 当面　6. 背面

图版一五九　集贤东村遗址采集瓦当

1、2.JX采：14　3、4.JX采：15　5、6.JX采：16

图版一六〇　黄堆遗址采集板瓦

1、2.HD采：2　3、4.HD采：3　5、6.HD采：4

图版一六一　黄堆遗址采集板瓦

1、2.HD采：5　3、4.HD采：6　5、6.HD采：7

图版一六二　黄堆遗址采集板瓦

1、2.HD采：8　3、4.HD采：9　5、6.HD采：10

图版一六三　黄堆遗址采集板瓦

1、2.HD采：11　3、4.HD采：12　5、6.HD采：13

图版一六四　黄堆遗址采集筒瓦

1、2.HD采：14　3、4.HD采：16　5、6.HD采：15

图版一六五　黄堆遗址采集筒瓦、钱范

1、2.HD采：18　3、4.HD采：17　5、6.HD采：19

图版一六六　黄堆遗址采集钱范

1、2.HD采：20　3、4.HD采：21

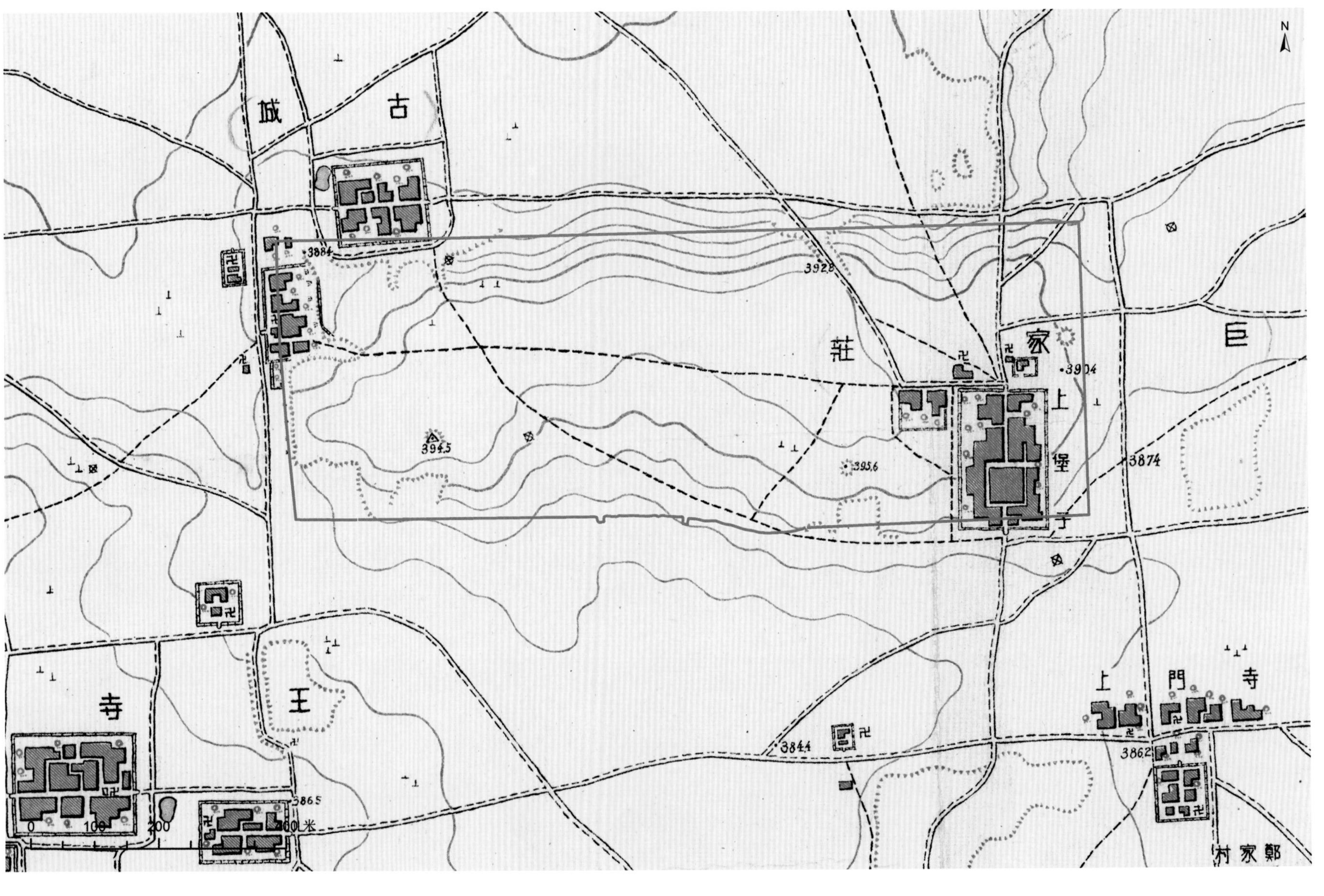

图版一六七　1933年10月西京筹备委员会测绘的阿房宫遗址（图中红线所示为近年部分重新勘探确定的阿房宫台基范围）

20 世纪 50 年代中期航拍照片中的阿房宫遗址

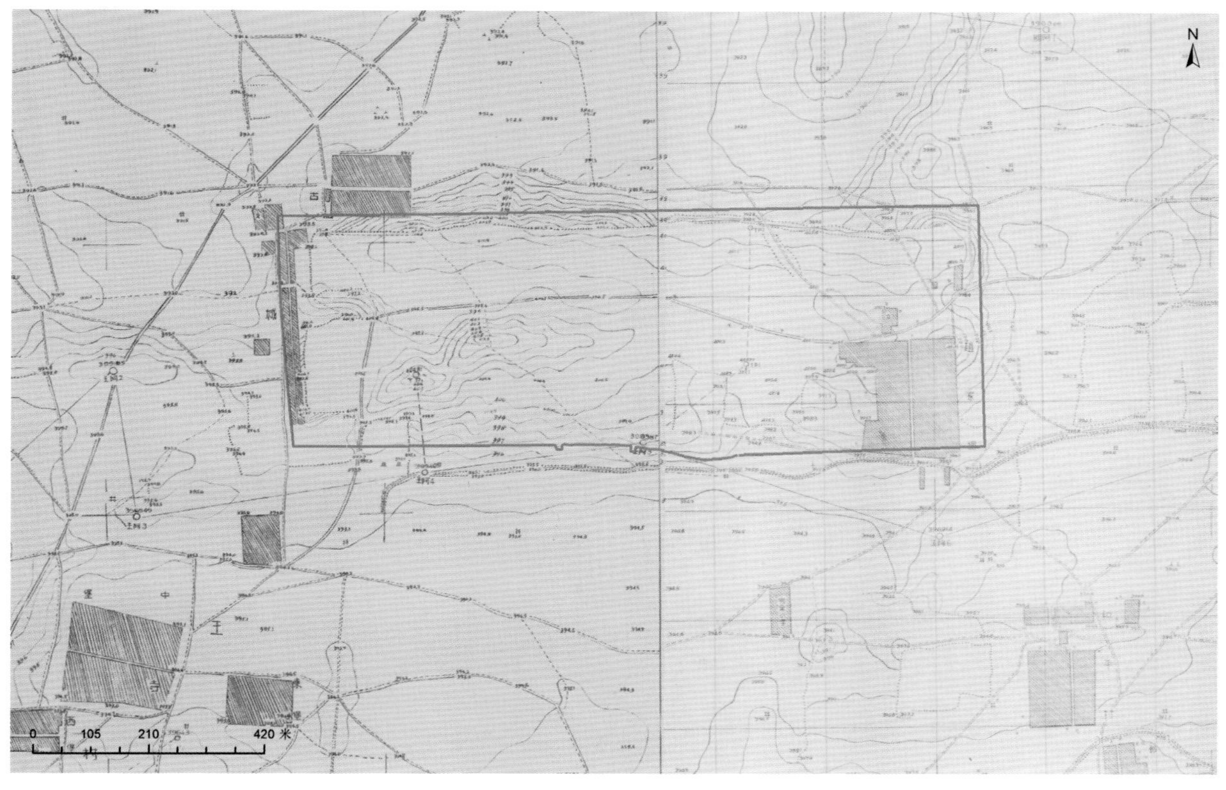

20 世纪 50 年代中期实测的阿房宫遗址

图版一六八　20 世纪 50 年代的阿房宫遗址

图版一六九　1956年公布的阿房宫遗址保护范围

1967 年 12 月美国卫星照片中的阿房宫遗址

1974 年 9 月 21 日航拍照片中的阿房宫遗址

图版一七〇　20 世纪 60、70 年代的阿房宫遗址

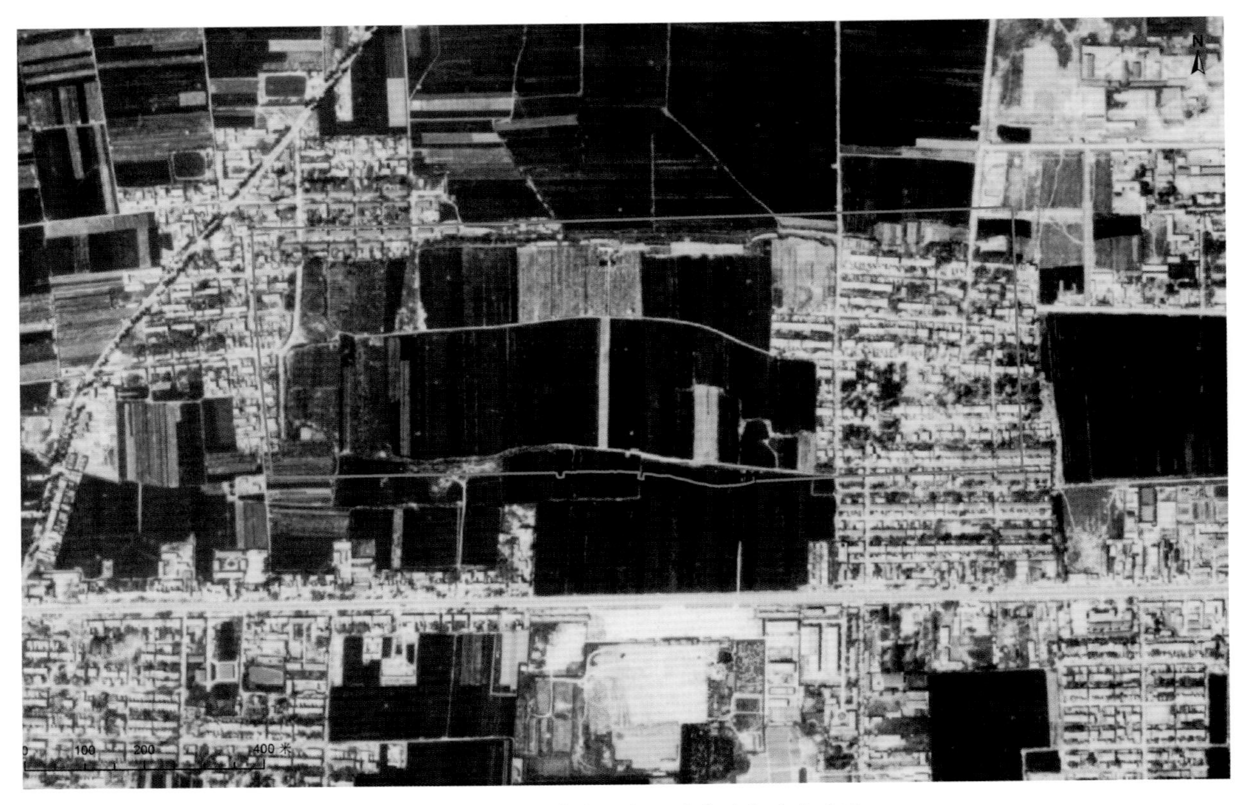

20 世纪 90 年代中期航拍照片中的阿房宫遗址

2000~2003 年间卫星照片中的阿房宫遗址

图版一七一　20 世纪 90 年代至 21 世纪初的阿房宫遗址

2010 年 5 月卫星照片中的阿房宫遗址

2016 年夏卫星照片中的阿房宫遗址

图版一七二　2010 年以来的阿房宫遗址

图版一七三　2011 年 10 月秋雨之后塌落的阿房宫遗址夯土

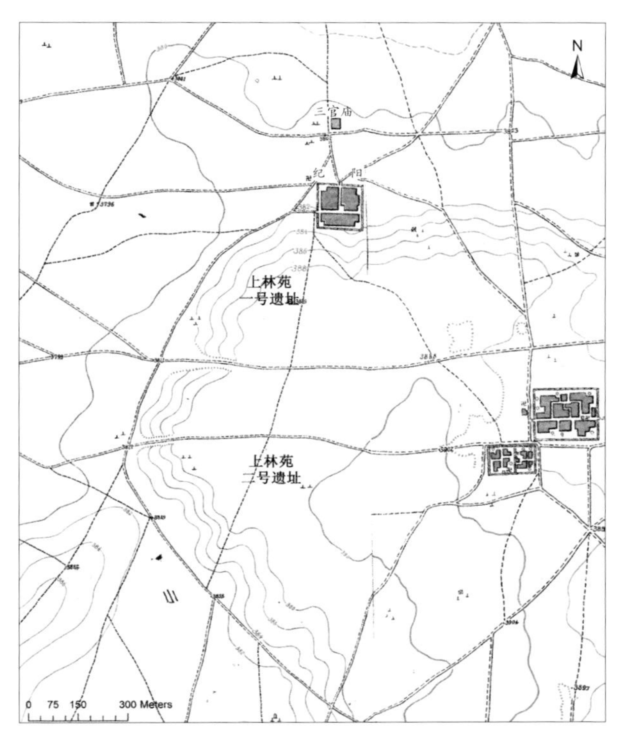

20世纪30年代的上林苑一、二号遗址

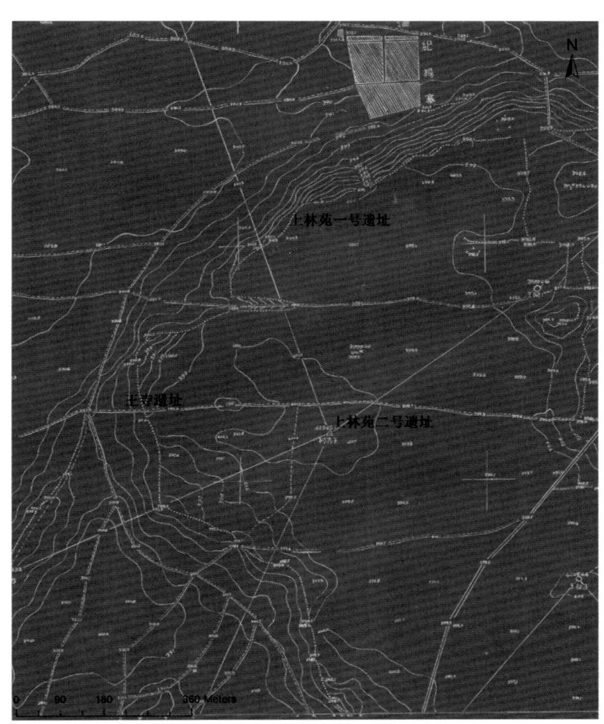

20世纪50年代中期的上林苑一、二号遗址群

图版一七四　20世纪30~50年代的上林苑一、二号遗址

20 世纪 60 年代中期的上林苑一、二号遗址

1967 年的上林苑一、二号遗址

图版一七五　20 世纪 60 年代的上林苑一、二号遗址

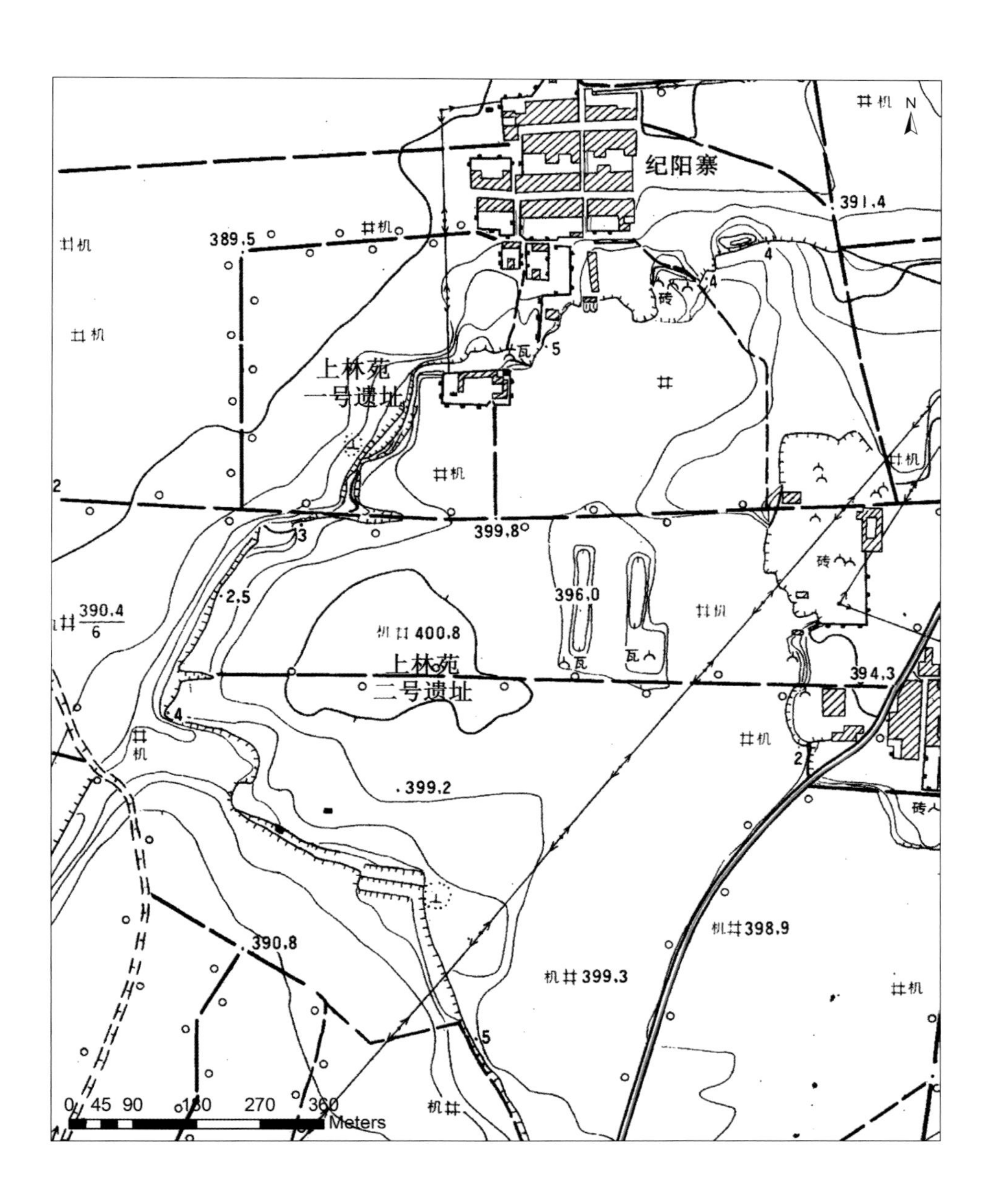

图版一七六 20世纪70年代中期的上林苑一、二号遗址

图版一七七　20 世纪 70 年代后期的上林苑一、二号遗址

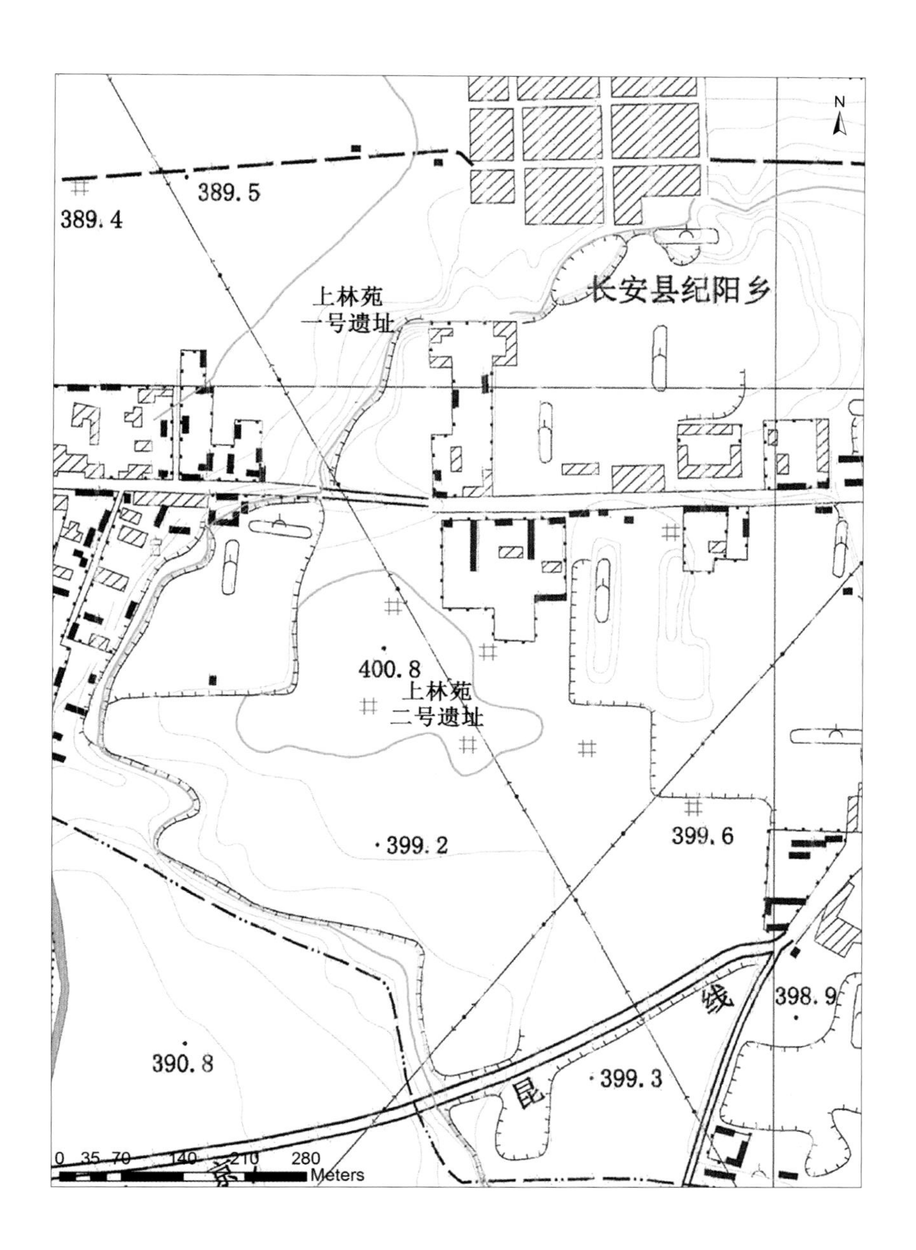

图版一七八　20 世纪 90 年代后期的上林苑一、二号遗址

图版一七九　2002年前后的上林苑一、二号遗址

2010 年底前的上林苑一、二号遗址

2016 年秋的上林苑一、二号遗址

图版一八〇　2010 年以来的上林苑一、二号遗址

图版一八一　2011 年的上林苑一号遗址局部

图版一八二　2011 年的上林苑二号遗址局部

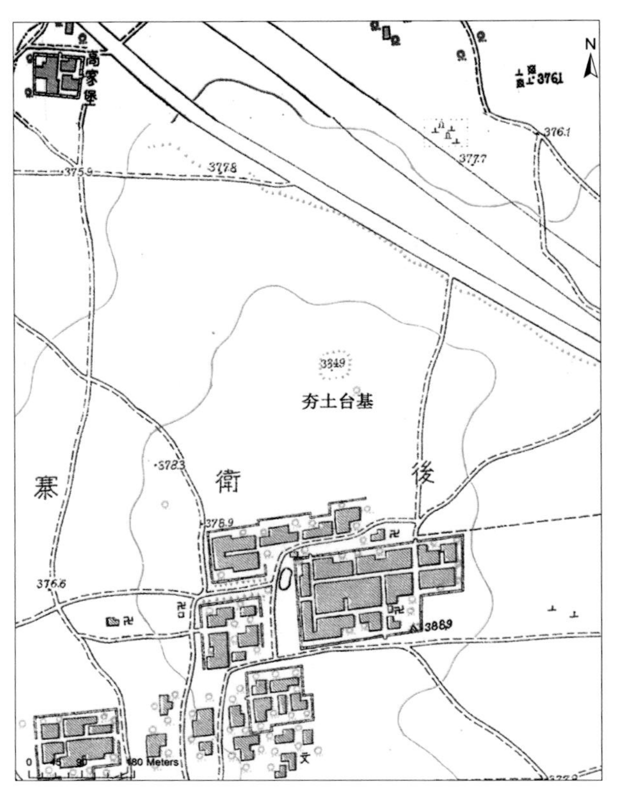

20世纪30年代的上林苑三号遗址

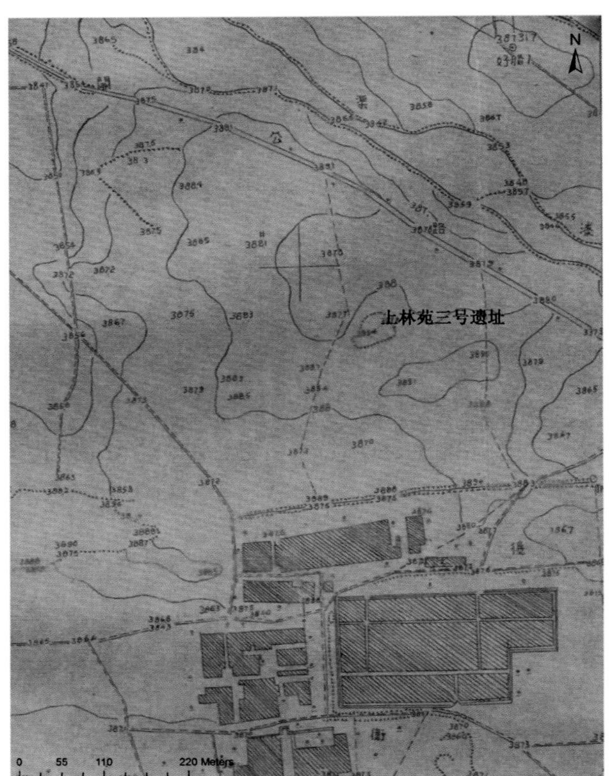

20世纪50年代中期的上林苑三号遗址

图版一八三　20世纪30~50年代的上林苑三号遗址

20 世纪 60 年代中期的上林苑三号遗址

1967 年的上林苑三号遗址

图版一八四　20 世纪 60 年代的上林苑三号遗址

20 世纪 70 年代后期的上林苑三号遗址

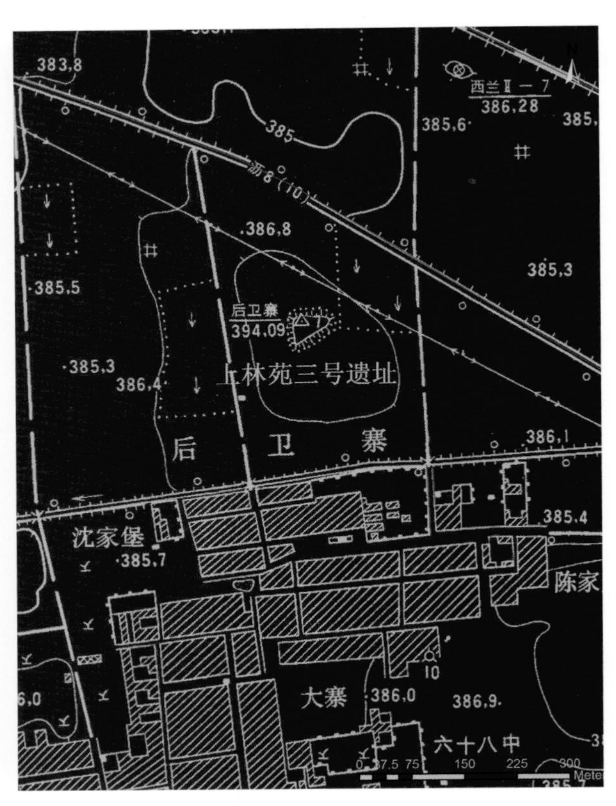

20 世纪 70 年代中期的上林苑三号遗址平面位置图

图版一八五　20 世纪 70 年代的上林苑三号遗址

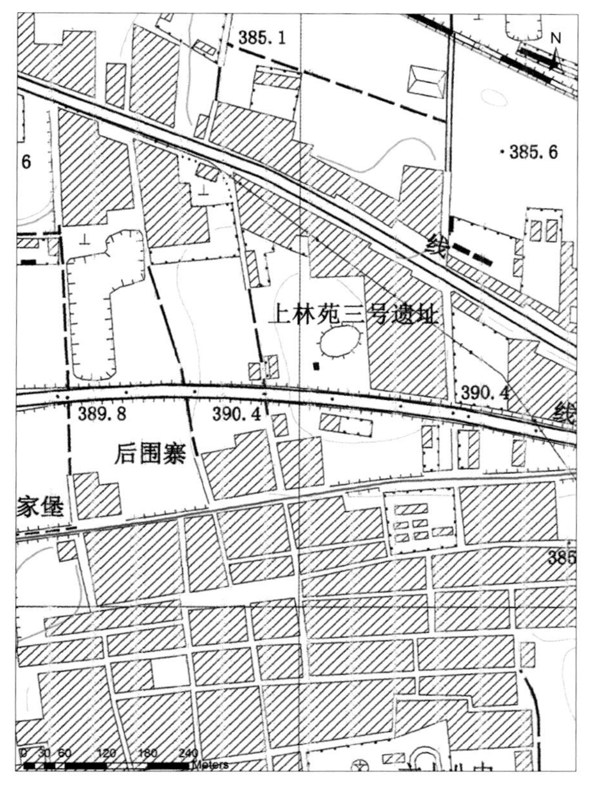

20 世纪 90 年代后期的上林苑三号遗址

2002 年前后的上林苑三号遗址

图版一八六　20 世纪 90 年代至 21 世纪初的上林苑三号遗址

2010 年春的上林苑三号遗址

2016 年秋的上林苑三号遗址

图版一八七　2010 年以来的上林苑三号遗址

图版一八八　2011 年的上林苑三号遗址

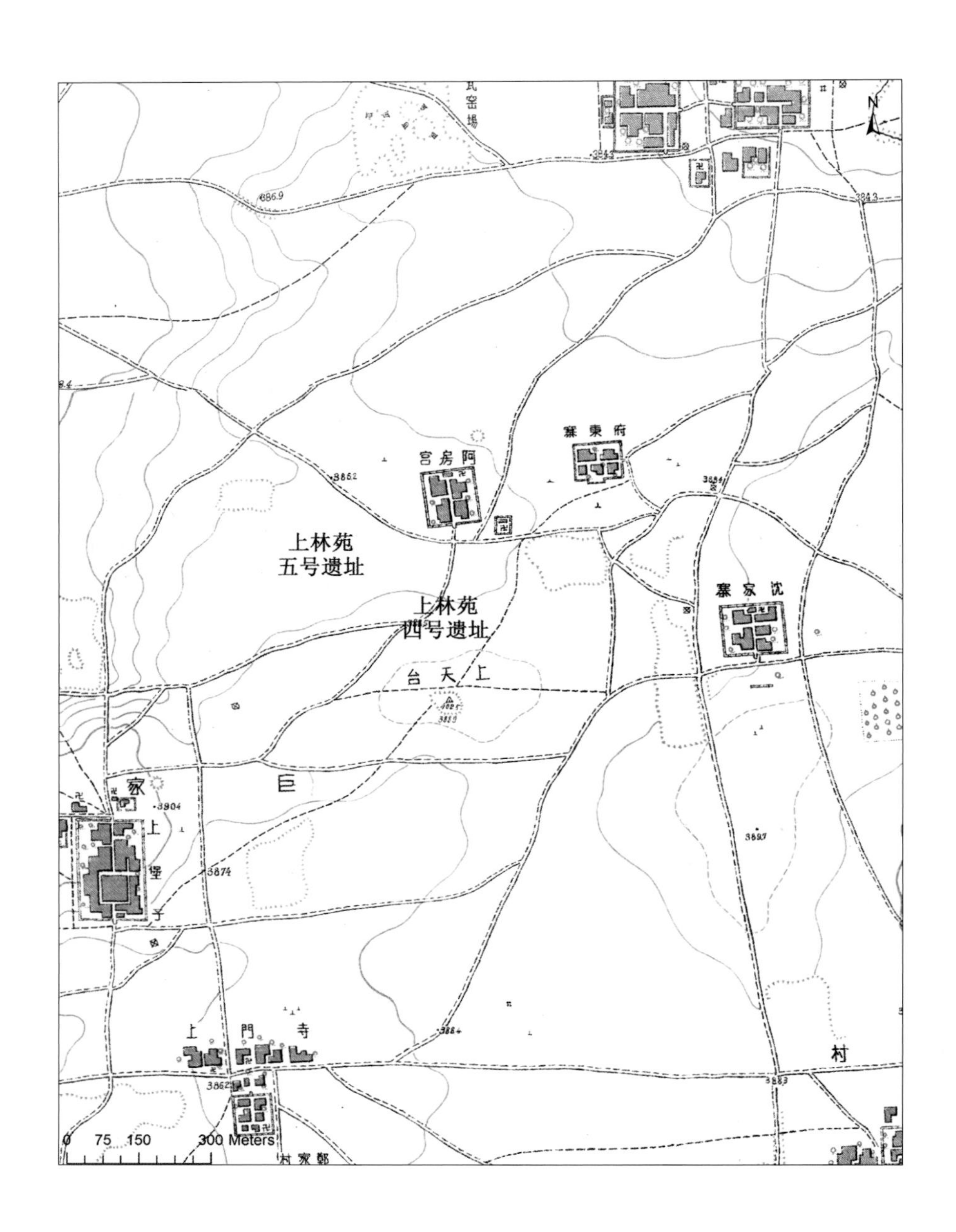

图版一八九　20 世纪 30 年代的上林苑四号、五号遗址

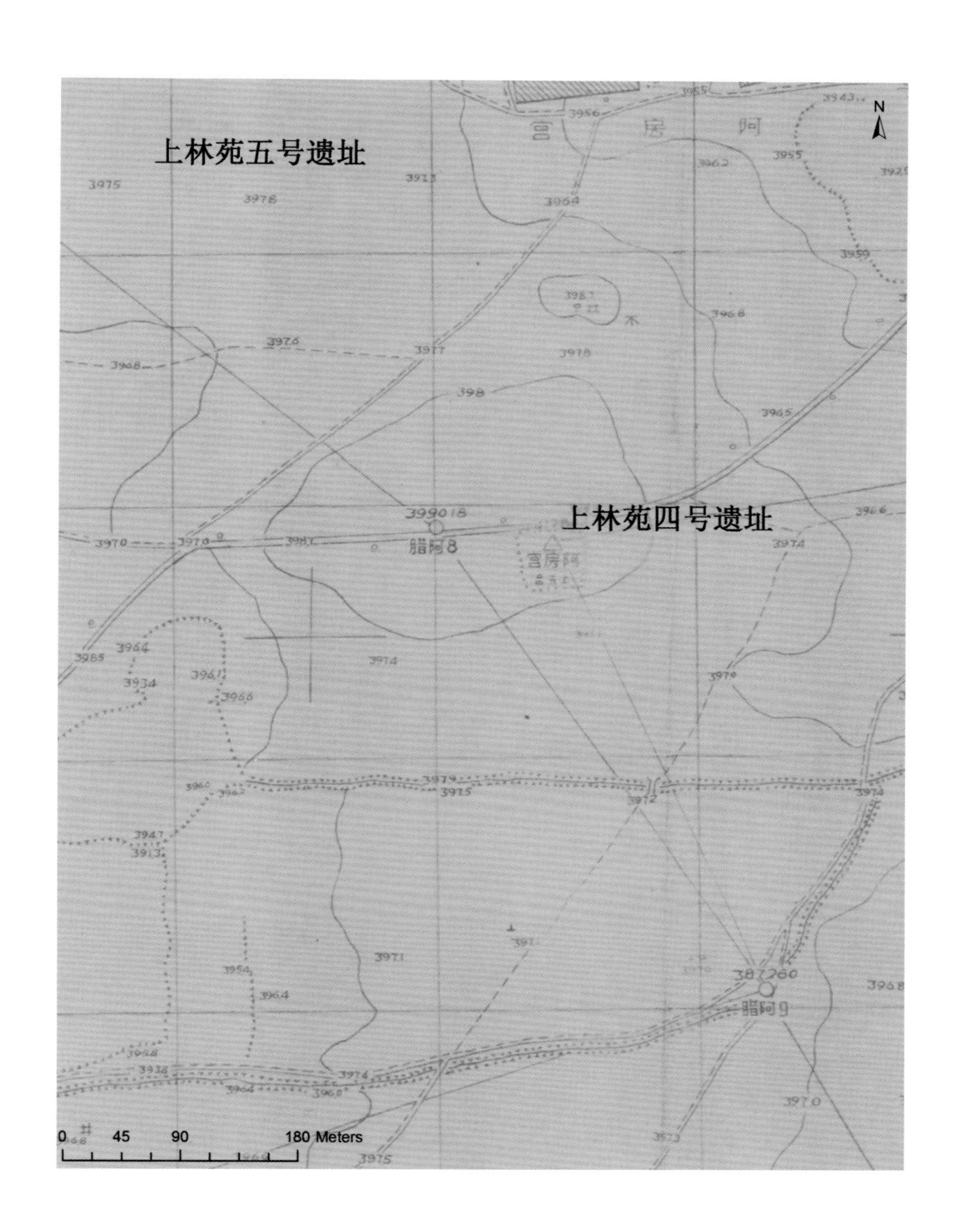

图版一九〇　20世纪50年代中期的上林苑四、五号遗址

20 世纪 60 年代中期的上林苑四、五号遗址

1967 年的上林苑四、五号遗址

图版一九一　20 世纪 60 年代的上林苑四、五号遗址

图版一九二　20 世纪 70 年代后期的上林苑四、五号遗址

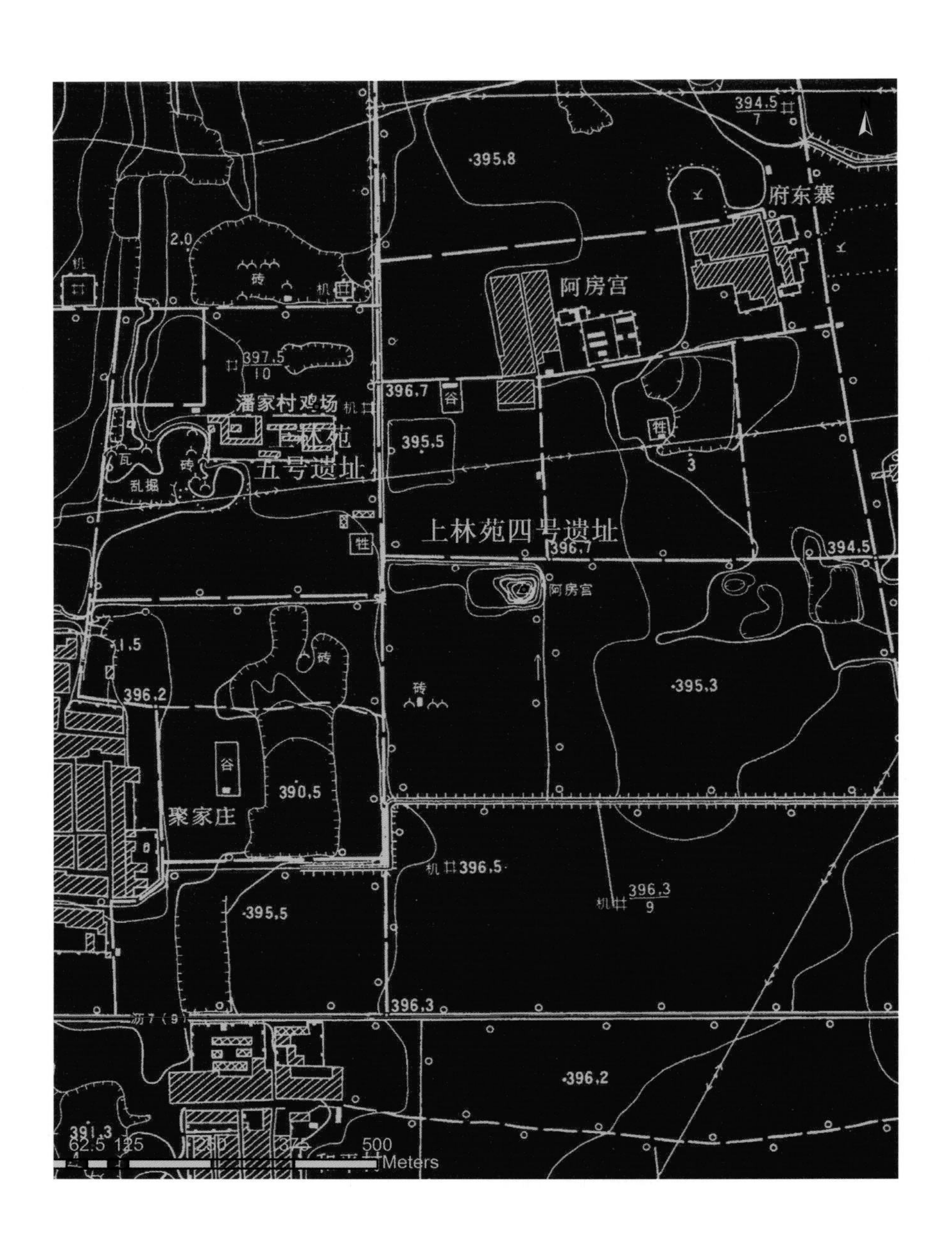

图版一九三　20世纪70年代中期的上林苑四、五号遗址

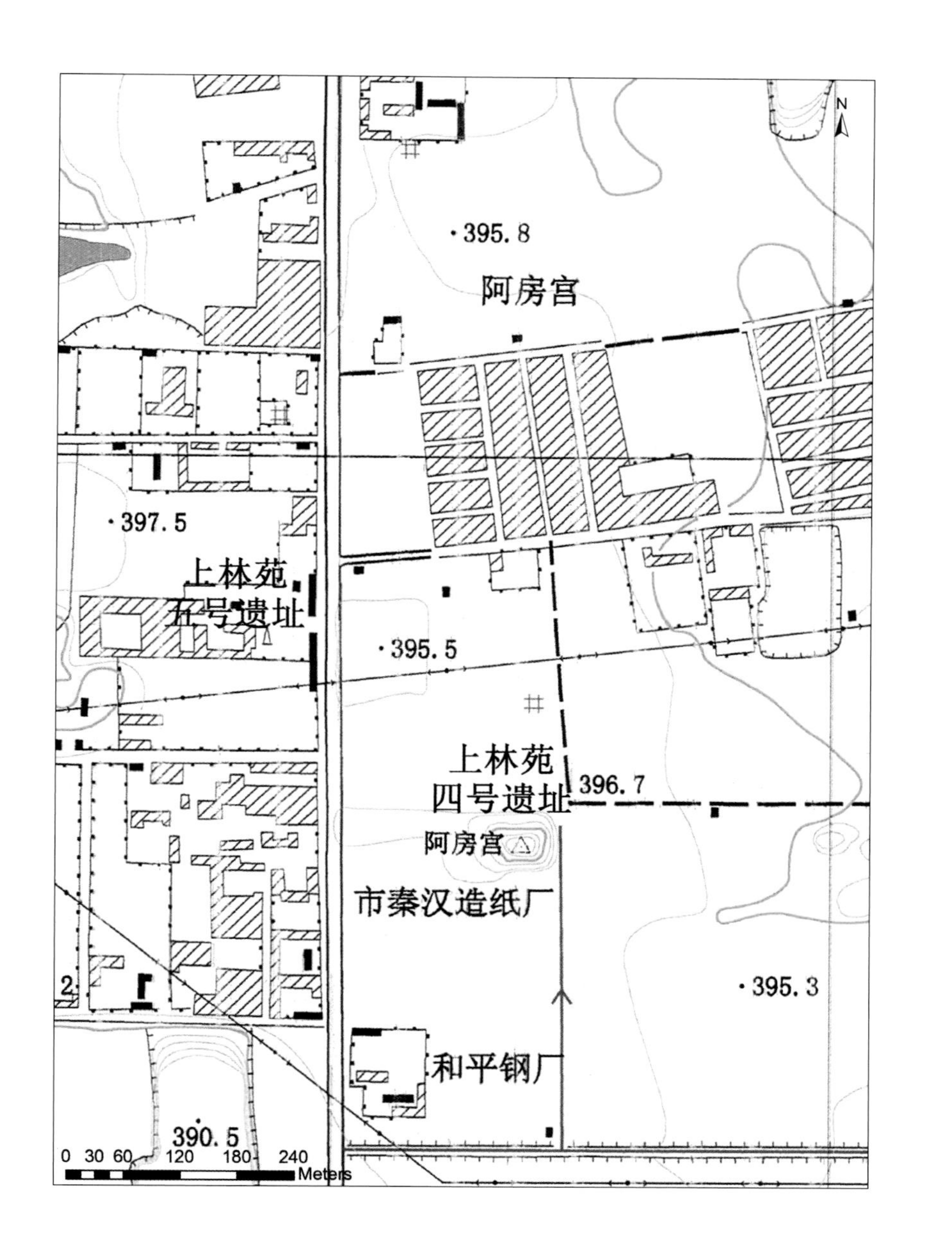

图版一九四　20世纪90年代后期的上林苑四、五号遗址

图版一九五　2002 年前后的上林苑四、五号遗址

2010 年底前的上林苑四、五号遗址

2016 年秋的上林苑四、五号遗址

图版一九六　2010 年以来的上林苑四号、五号遗址

20 世纪 30 年代的上林苑八号遗址

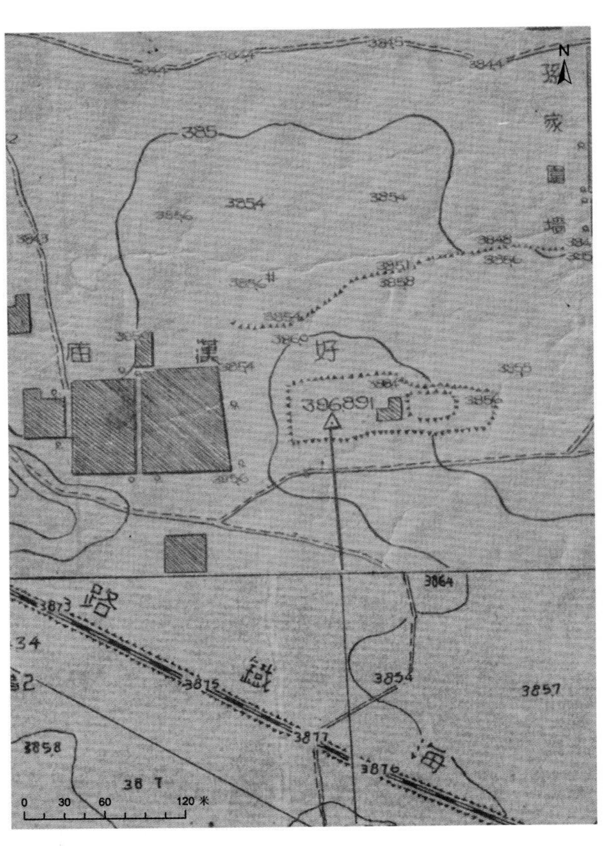

20 世纪 50 年代中期的上林苑八号遗址

图版一九七　20 世纪 30~50 年代的上林苑八号遗址

20世纪60年代中期的上林苑八号遗址

1967年的上林苑八号遗址

图版一九八　20世纪60年代的上林苑八号遗址

20世纪70年代后期的上林苑八号遗址

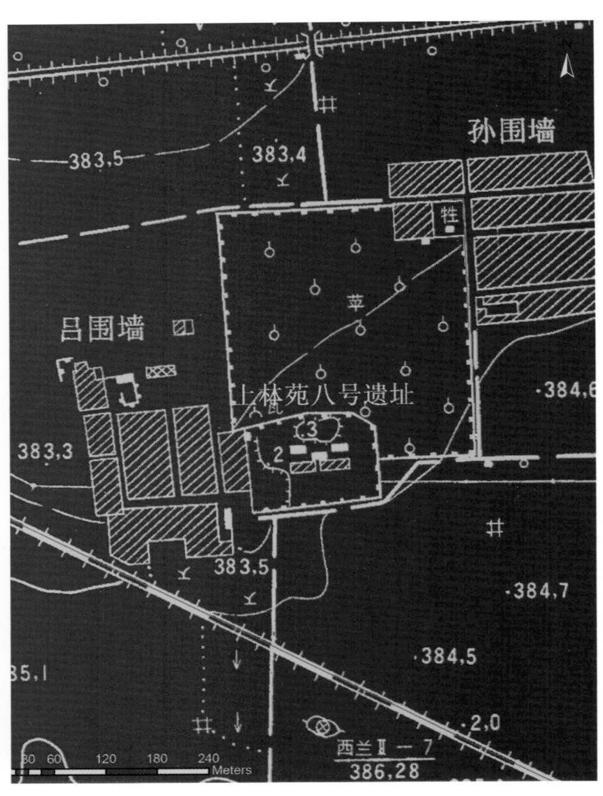

20世纪70年代中期的上林苑八号遗址

图版一九九　20世纪70年代的上林苑八号遗址

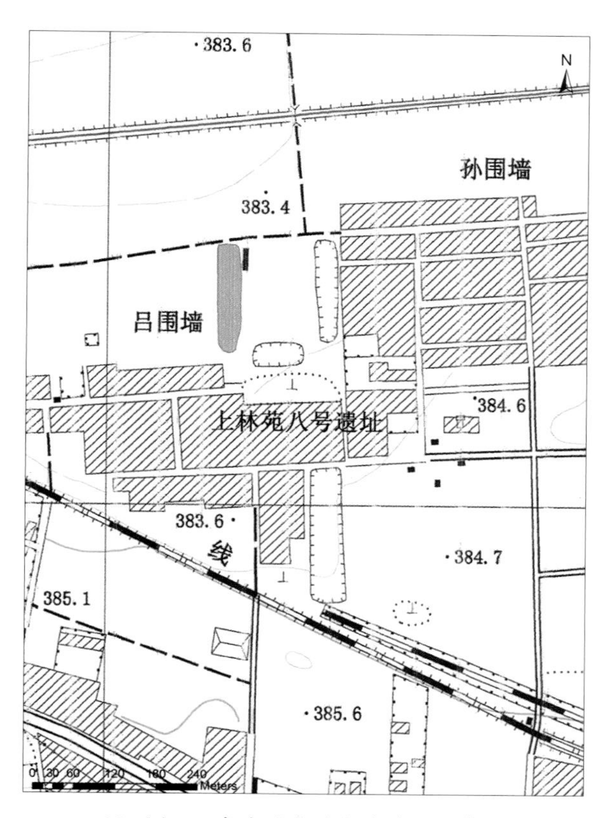

20世纪90年代后期的上林苑八号遗址

2002年前后的上林苑八号遗址

图版二〇〇　20世纪90年代至21世纪初的上林苑八号遗址

2010年底前的上林苑八号遗址

2016年秋的上林苑八号遗址

图版二〇一　2010年以来的上林苑八号遗址

图版二〇二　2011 年上林苑八号遗址调查

2011 年上林苑十号遗址

2012 年上林苑十号遗址

图版二〇三　2011 年、2012 年的上林苑十号遗址

图版二〇四　散置在村庄中的础石

图版二〇五　2011 年上林苑考古调查

图版二〇六　2011年上林苑调查础石

图版二〇七　2011 年上林苑调查础石

图版二〇八　2011 年上林苑调查础石

图版二〇九　2011 年上林苑调查础石

图版二一〇　2011 年上林苑调查础石

图版二一一　2011 年上林苑调查础石

图版二一二　2011 年上林苑调查础石

图版二一三　2011 年上林苑调查础石

图版二一四　2011 年上林苑调查础石

图版二一五　2011 年上林苑调查础石

图版二一六　2011 年上林苑调查础石

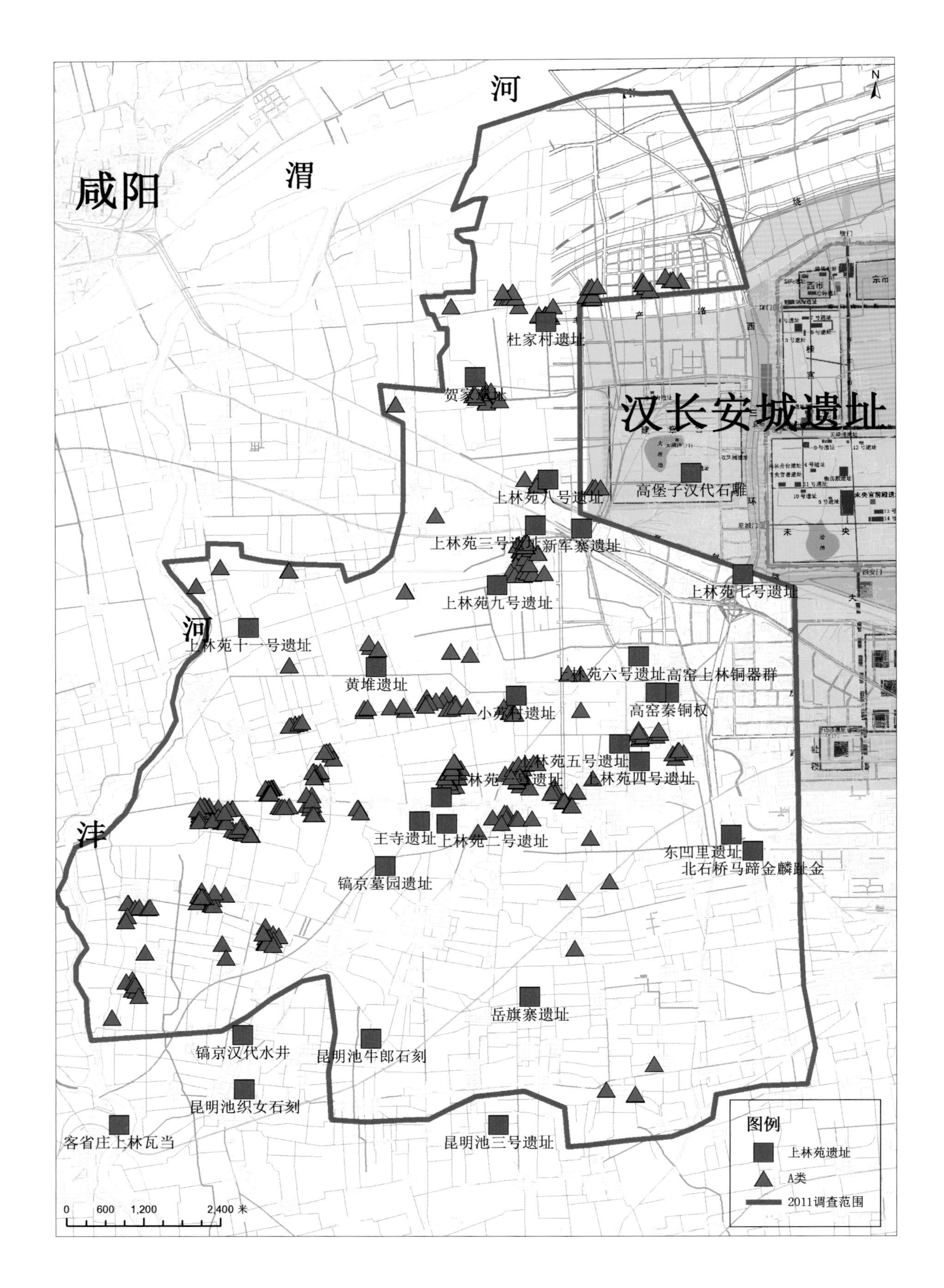

图版二一七　2011 年上林苑调查 A 类础石分布图

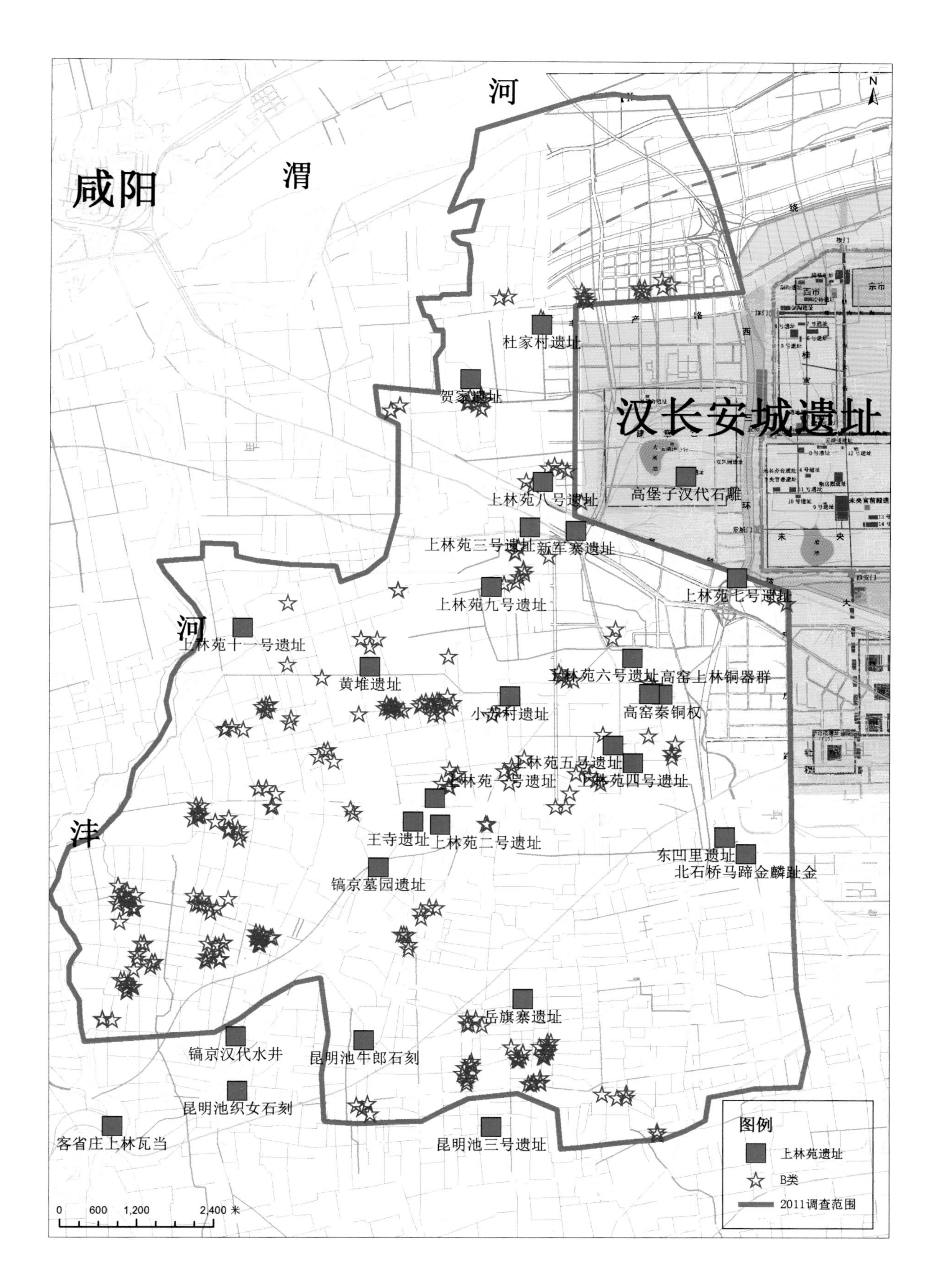

图版二一八　2011 年上林苑调查 B 类础石分布图

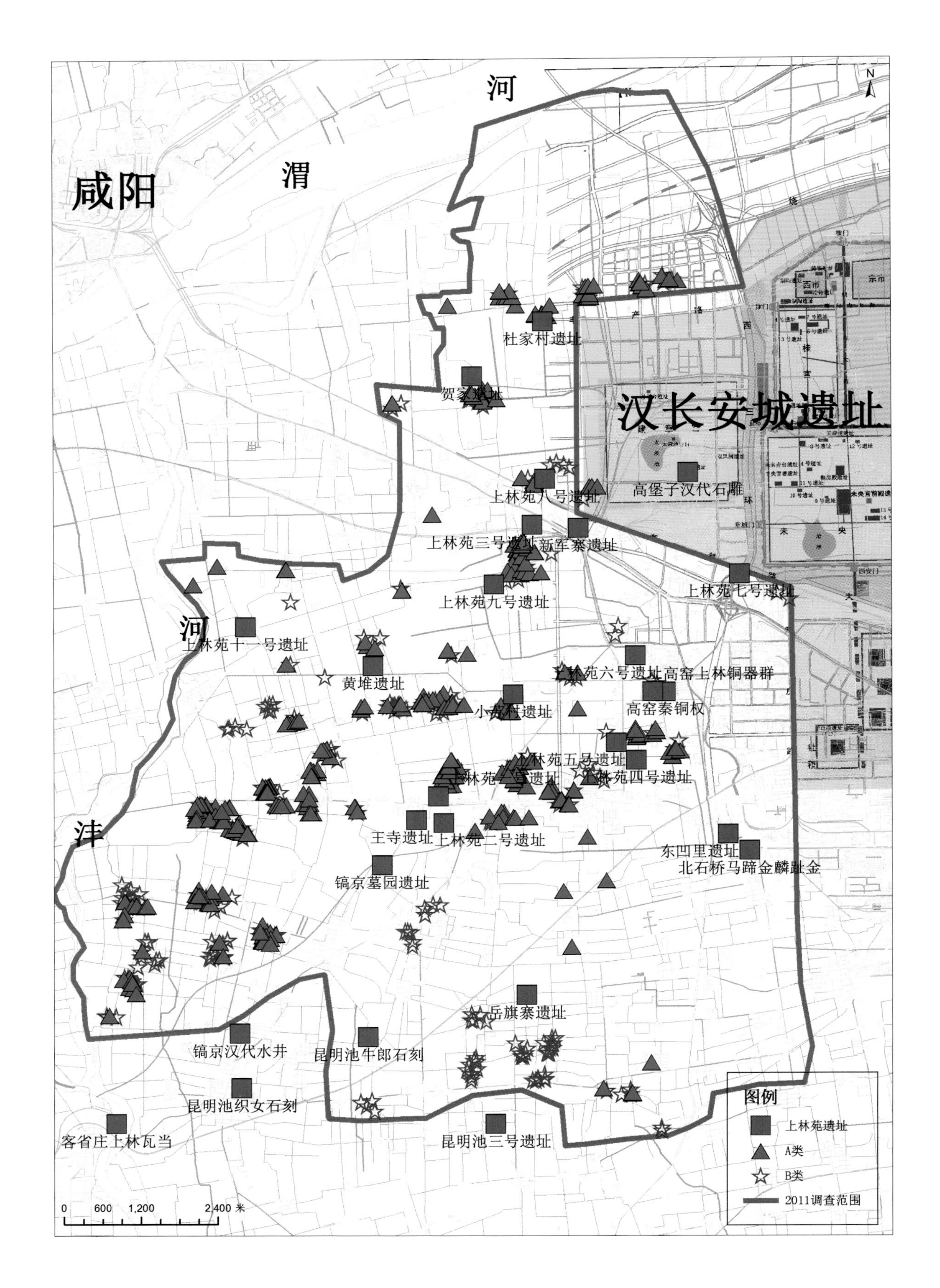

图版二一九　2011 年上林苑调查情况分布图

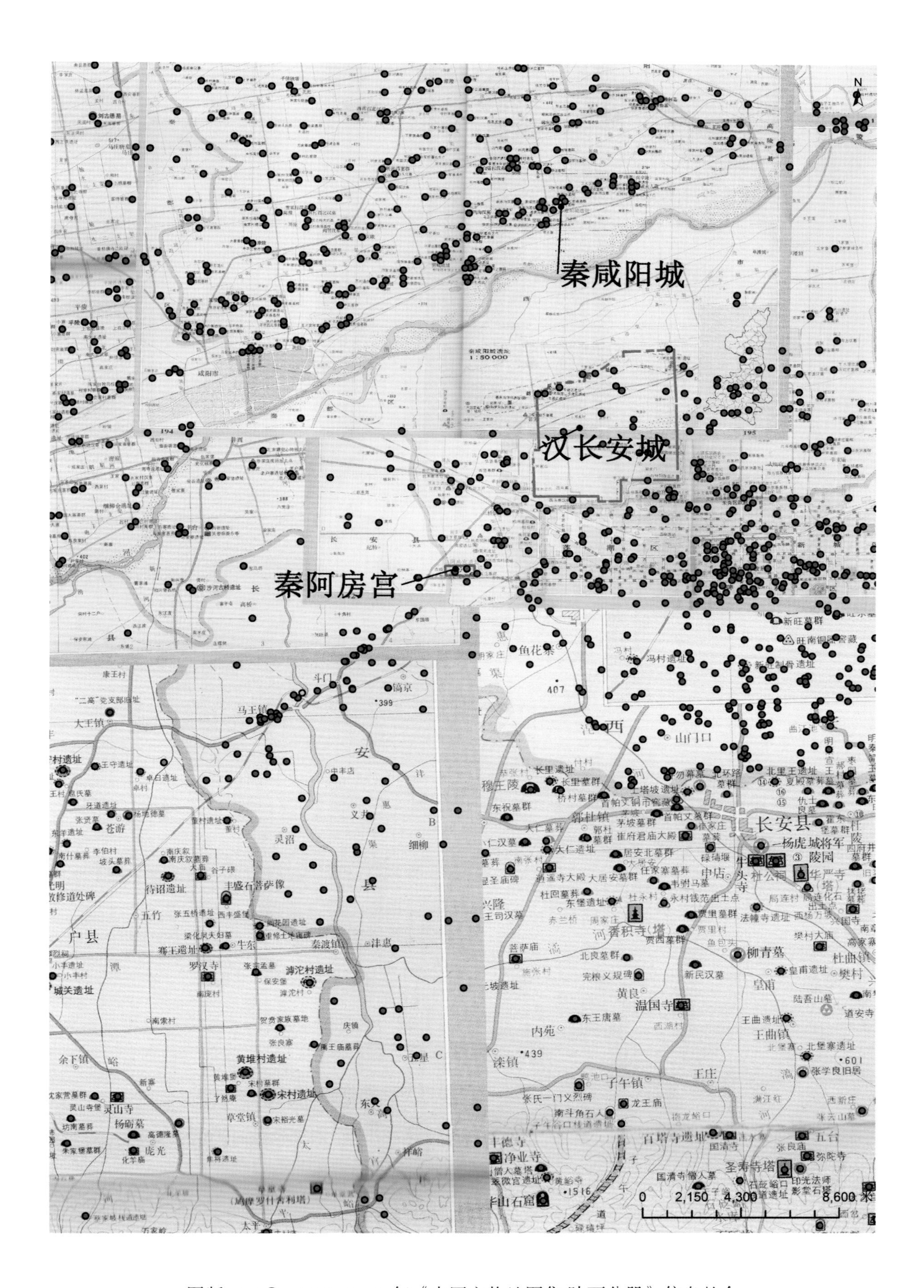

图版二二〇　2012~2014年《中国文物地图集·陕西分册》信息整合

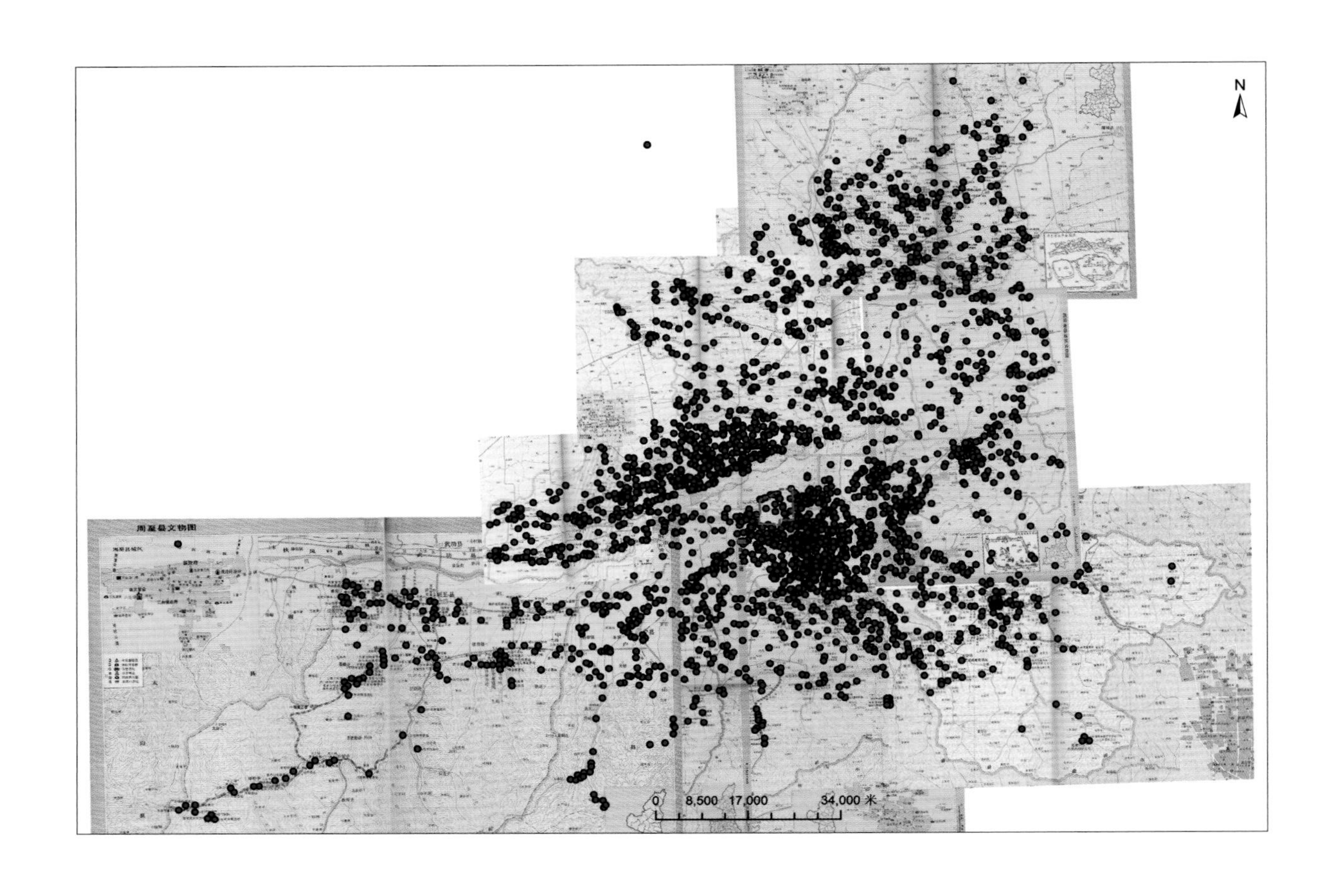

图版二二一　2012~2014 年《中国文物地图集·陕西分册》信息整合

西安市遺址調查記录表　年第　次第　號 023

代號：[illegible]　隶屬：阿房 區 阿房宫 鄉　位置：[illegible] 村　方　米

遺址時代和文化性質：秦阿房宫[illegible]　種類：[illegible]

遺址範圍及附近地形：[illegible]（[illegible]）[illegible]，[illegible]，东西长1220米，南北长[illegible]米，高10米（[illegible]）

遺址遺跡描述：[illegible]

遺物描述：[illegible]

[illegible] 两塬在距夯土台公東面西端 [illegible]

夯土高台　東端部是

與遺址有關的其他情况：[illegible]

西端为大、小古城村庄住作用。

目前保存情况：东西两端农业社经常起土。

將來工作條件：

建議：由农业社保护

采集標本名稱編號：

測繪圖名稱編號：

照相名稱編號：

拓片與摹本名稱編號：

復制品名稱編號：

備註：　复查　58年

調查者：　記錄者：[illegible] 58 年 7 月 7 日

底册第　號第　頁

1958 年阿房宫调查记录

图版二二二　西安市第一次文物普查资料

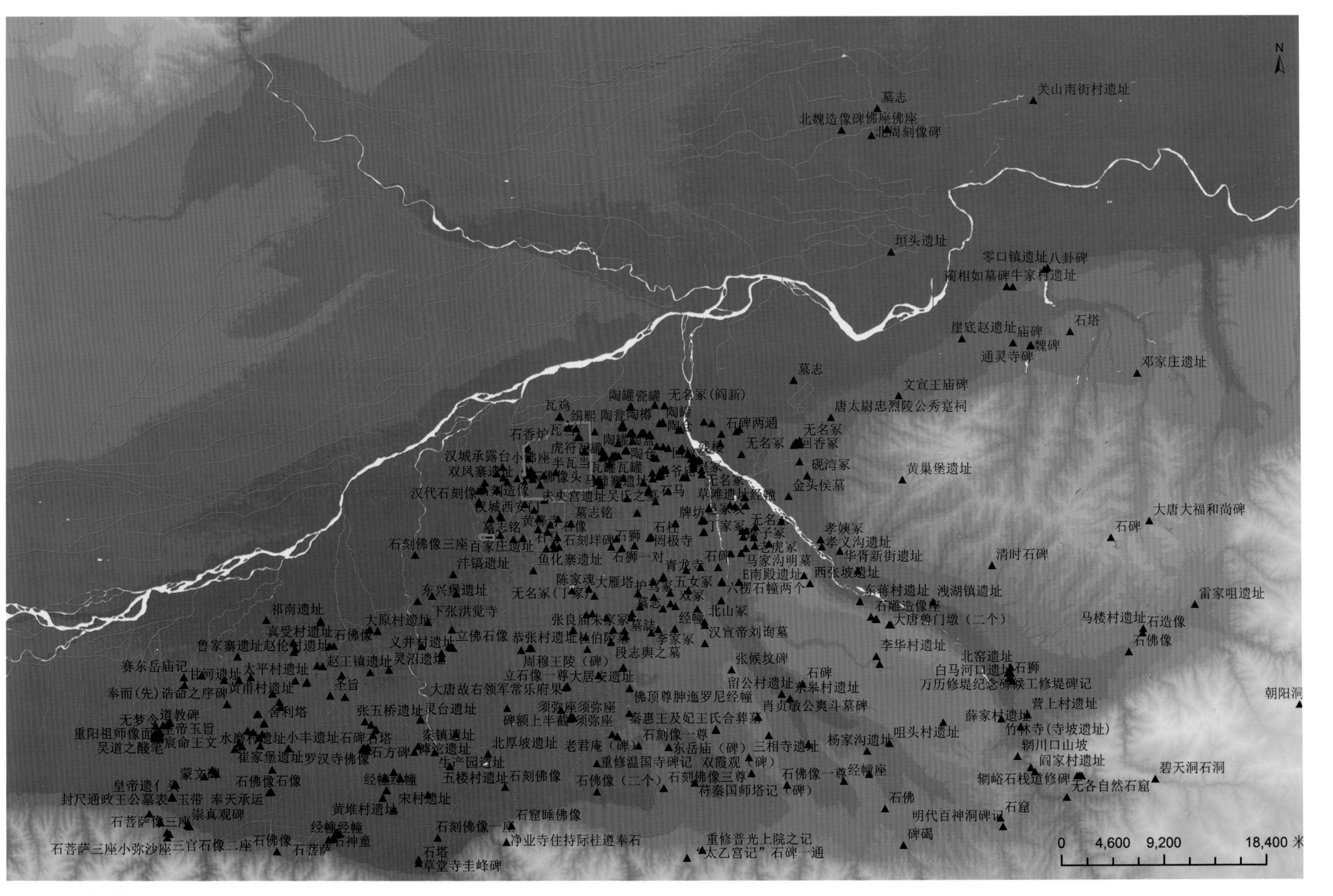

图版二二三　西安市第一次文物普查信息整合

图版二二四　上林苑地理信息系统建设

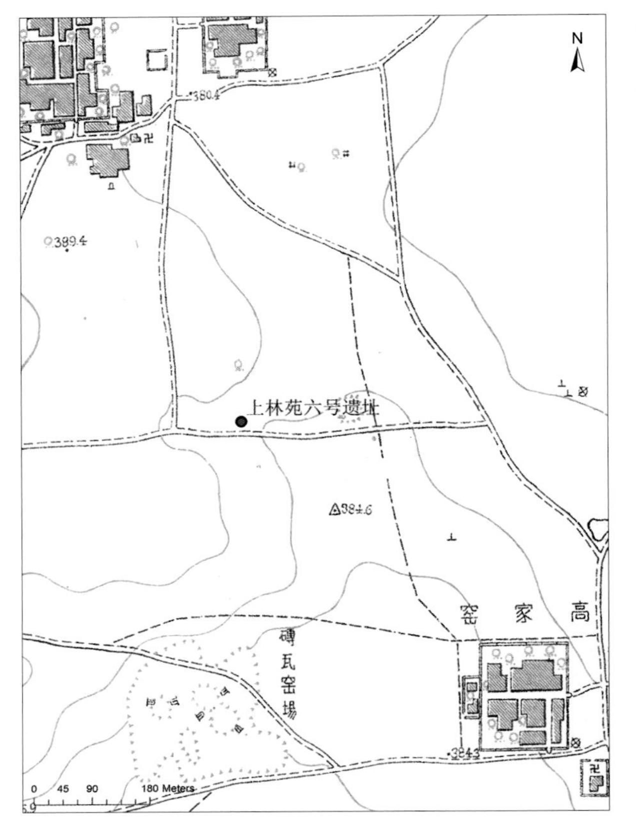

20 世纪 30 年代的上林苑六号遗址

20 世纪 50 年代中期的上林苑六号遗址

图版二二五　20 世纪 30~50 年代的上林苑六号遗址

20世纪60年代中期的上林苑六号遗址

1967年的上林苑六号遗址

图版二二六　20世纪60年代的上林苑六号遗址

图版二二七　20 世纪 70 年代后期的上林苑六号遗址

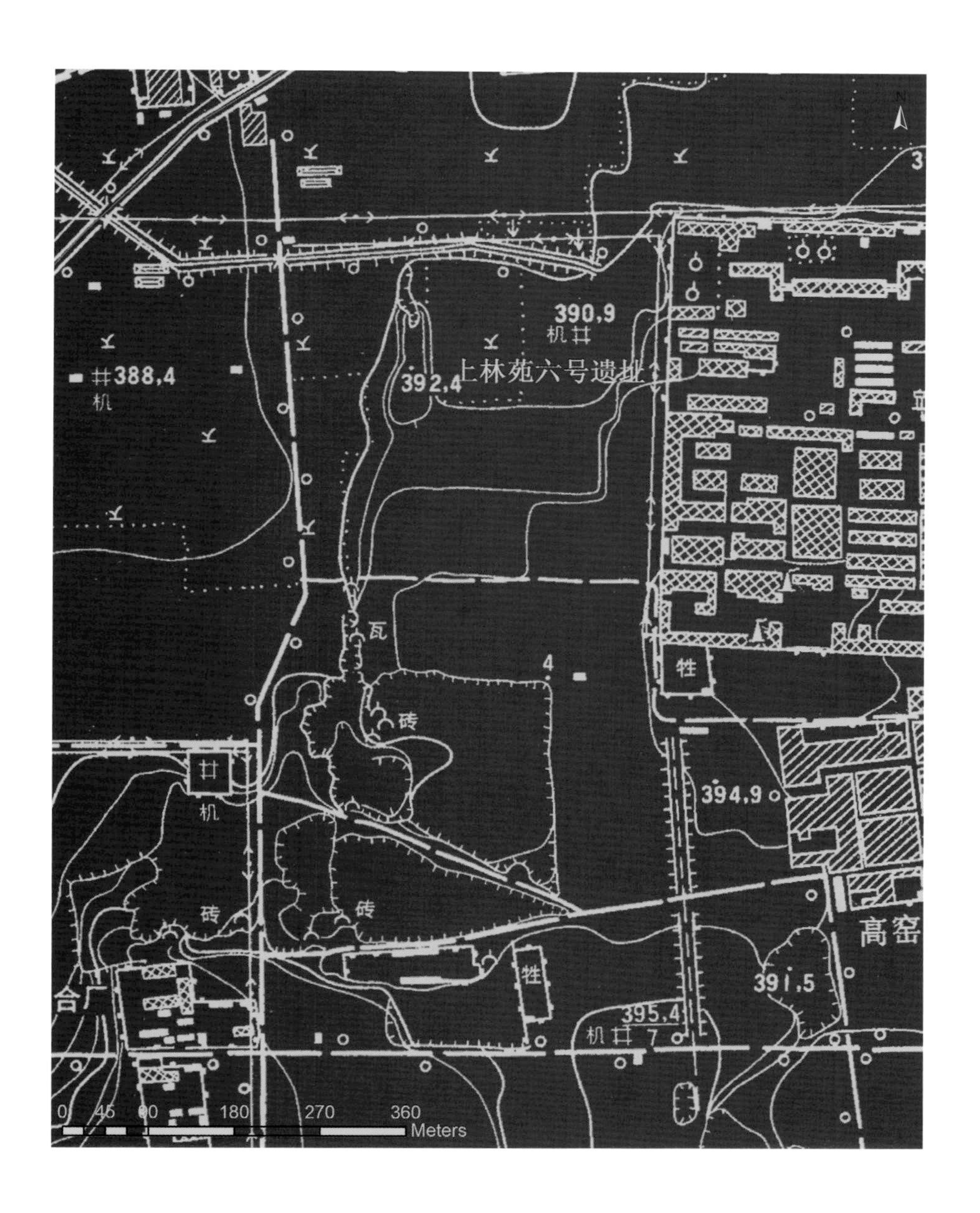

图版二二八 20世纪70年代中期的上林苑六号遗址

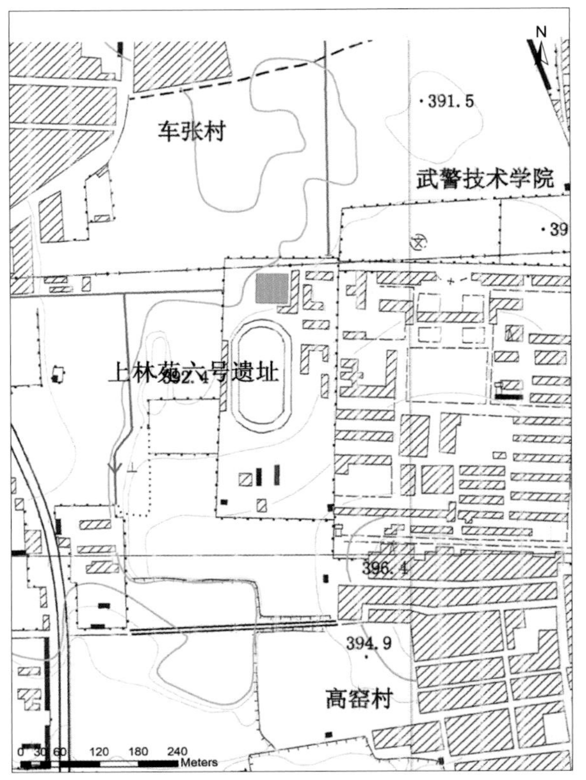

20 世纪 90 年代后期的上林苑六号遗址

2002 年前后的上林苑六号遗址

图版二二九　20 世纪 90 年代至 21 世纪初的上林苑六号遗址

2010 年底前的上林苑六号遗址

2016 年秋的上林苑六号遗址

图版二三〇　2010 年以来的上林苑六号遗址

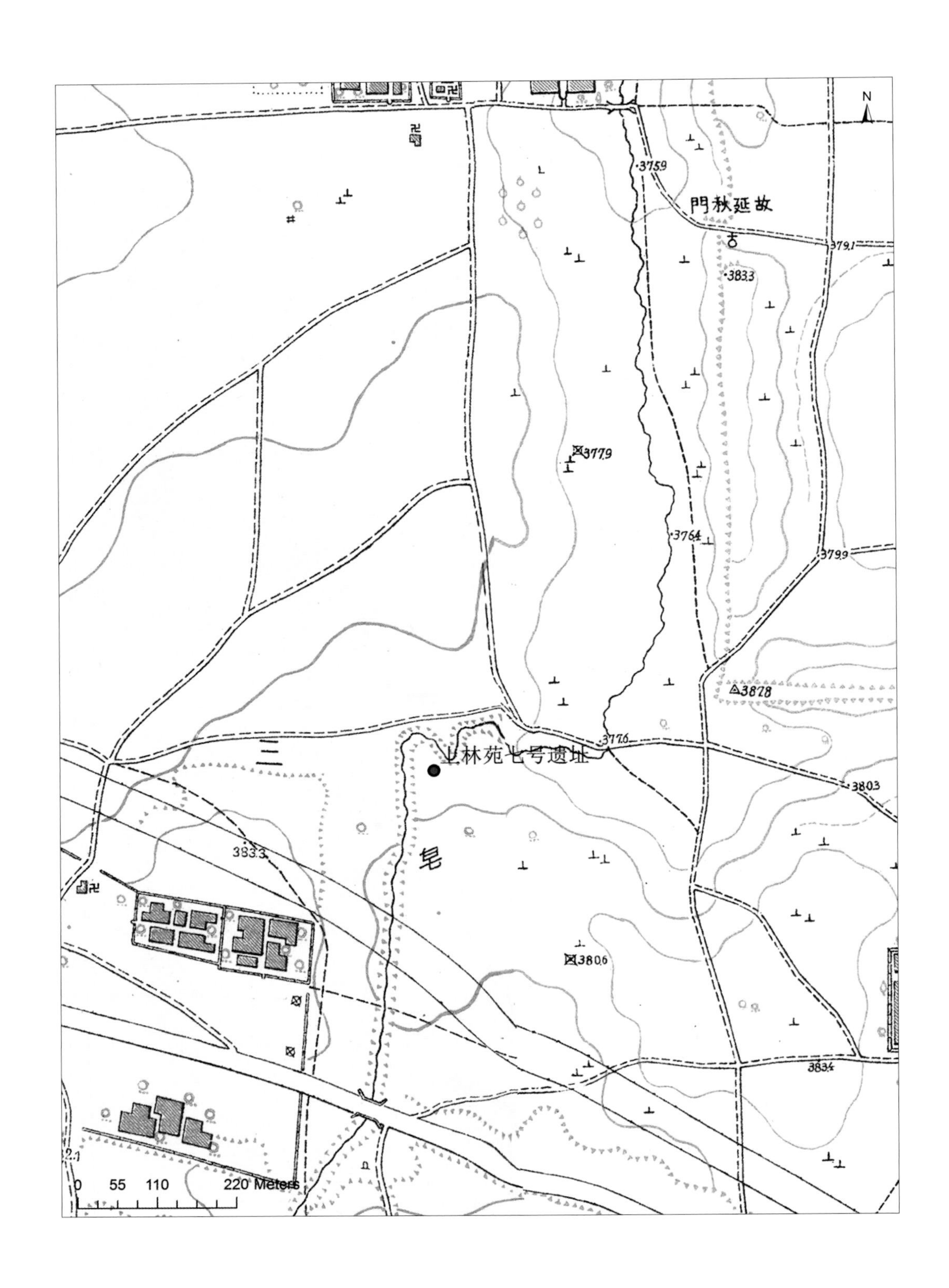

图版二三一　20 世纪 30 年代的上林苑七号遗址

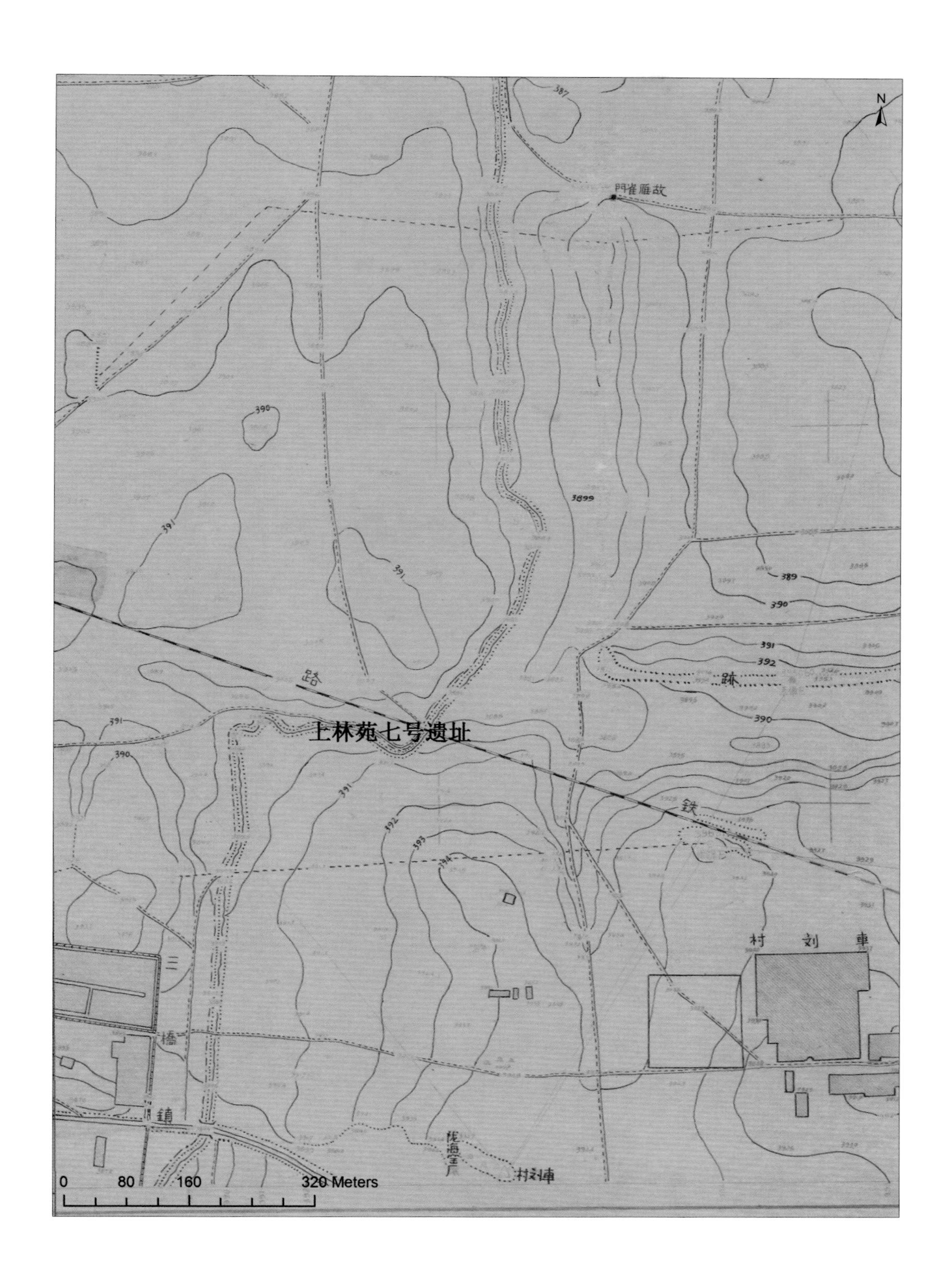

图版二三二　20 世纪 50 年代的上林苑七号遗址

20 世纪 60 年代中期的上林苑七号遗址

1967 年的上林苑七号遗址

图版二三三　20 世纪 60 年代的上林苑七号遗址

图版二三四　20 世纪 70 年代后期的上林苑七号遗址

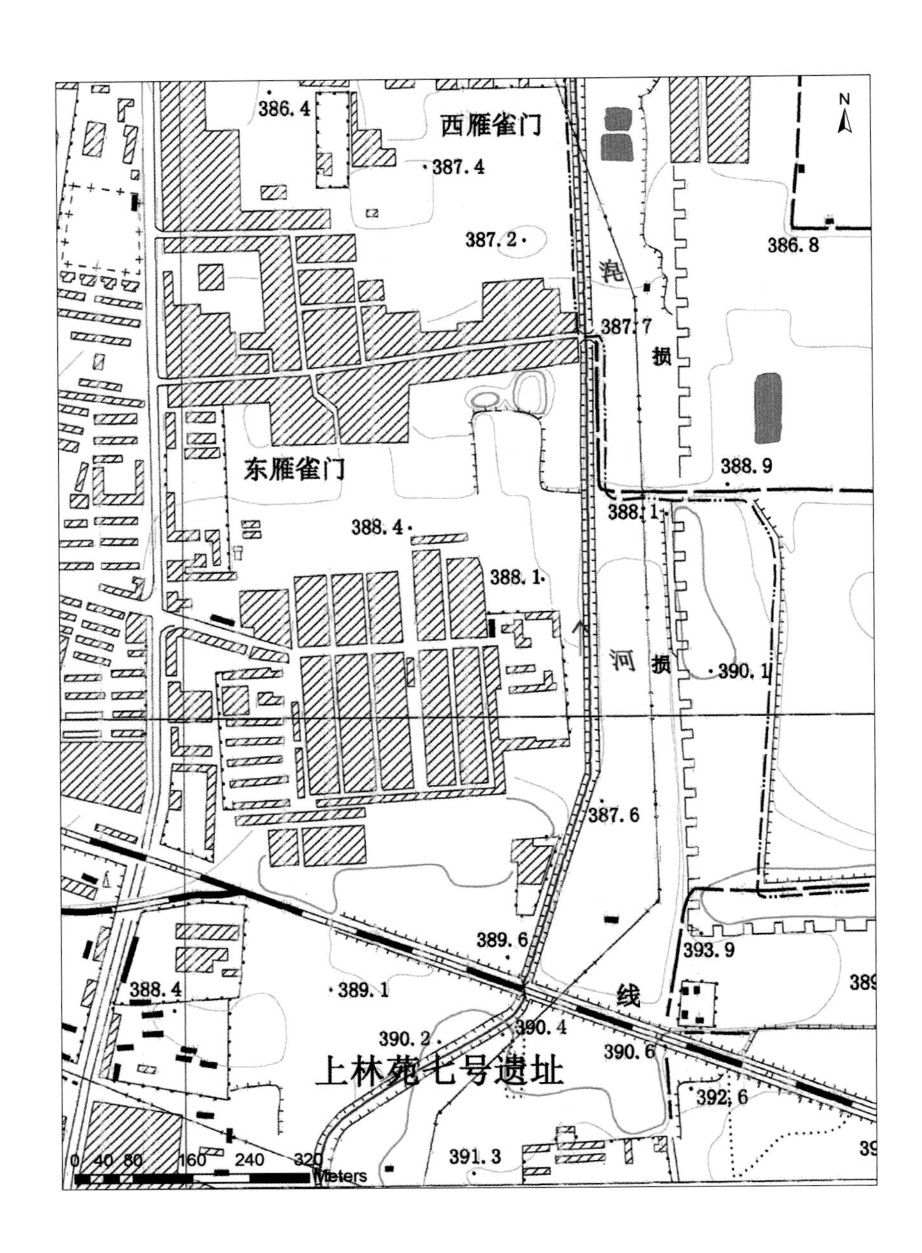

图版二三五　20 世纪 90 年代后期的上林苑七号遗址

2012年春的上林苑七号遗址

2016年秋的上林苑七号遗址

图版二三六　2010年以来的上林苑七号遗址

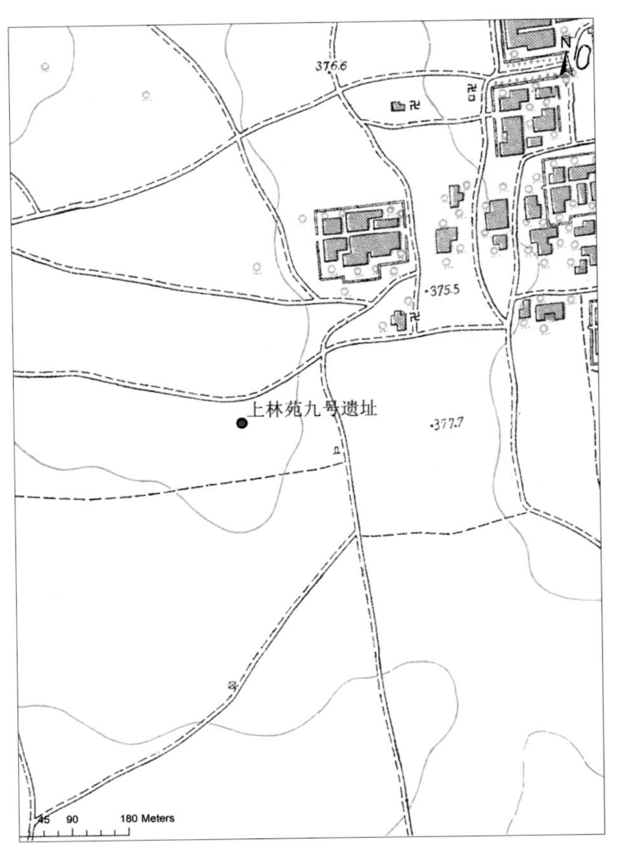

20 世纪 30 年代的上林苑九号遗址

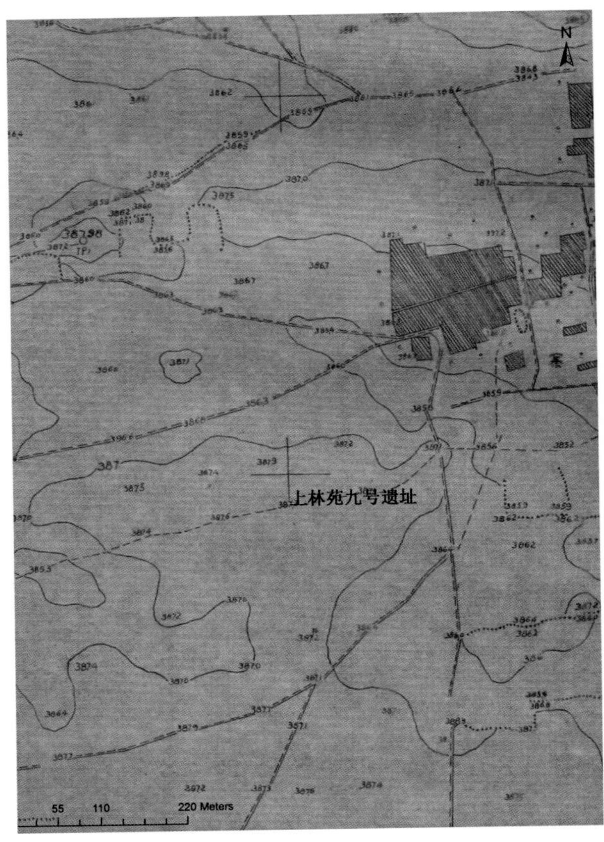

20 世纪 50 年代中期的上林苑九号遗址

图版二三七　20 世纪 30~50 年代的上林苑九号遗址

20 世纪 60 年代中期的上林苑九号遗址

1967 年的上林苑九号遗址

图版二三八　20 世纪 60 年代的上林苑九号遗址

20世纪70年代后期的上林苑九号遗址

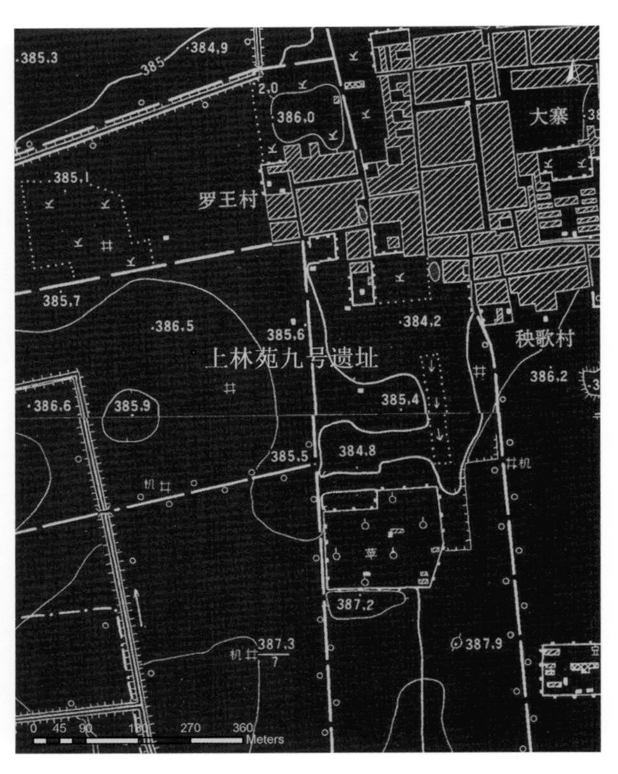

20世纪70年代中期的上林苑九号遗址

图版二三九　20世纪70年代的上林苑九号遗址

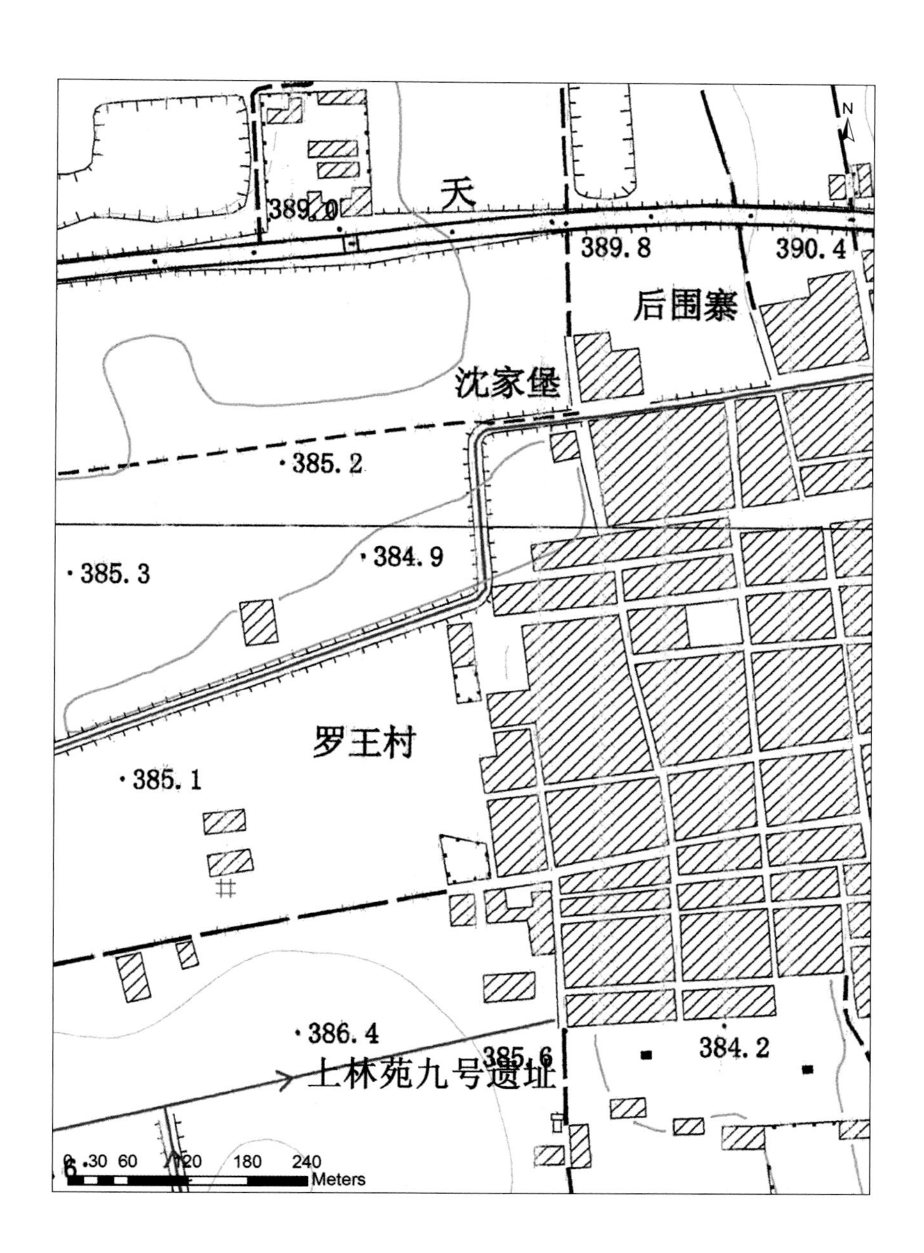

图版二四〇　20世纪90年代后期的上林苑九号遗址

图版二四一　2002 年前后的上林苑九号遗址

2010 年底前上林苑九号遗址

2016 年秋上林苑九号遗址

图版二四二　2010 年以来的上林苑九号遗址

图版二四三　1967 年上林苑诸遗存景观

图版二四四　2016 年上林苑诸遗存景观

后　记

为了确定秦阿房宫遗址范围，在李毓芳先生带领下，2002 年秋中国社会科学院考古研究所与西安市文物保护考古研究所联合组成的阿房宫考古队，开始了在传统认识的阿房宫区域持续多年的考古工作。2004 年在基本确定前殿台基的系列认识后，为更明确周围地面尚存台基、之前调查发现秦汉建筑遗存与前殿的关系，考古队以前殿为中心，对周围前述遗存进行了长时间主动调查、勘探和试掘，陆续发掘确定了上林苑一至六号建筑遗址及秧歌台、好汉庙等建筑遗存。其或营建远早于阿房宫，或从战国延用至汉代，均与秦阿房宫无关。秦始皇营建的阿房宫即为传统认识的阿房宫前殿。当时这些工作的出发点，虽是由确定阿房宫范围而生，事实上却揭开了大规模秦汉上林苑考古的序幕。

在对秦汉上林苑遗存开展的考古工作中，李毓芳先生秉承遗址发掘后随即整理并尽快发表考古资料的优良传统。从 2004 年秦汉上林苑遗址考古开始，阿房宫考古队一直及时将遗址资料整理发表，引起社会各方面对上林苑遗存越来越多的关注和重视。而正是凭借考古工作所获得相关遗存时代和性质的准确认识，依托阿房宫遗址保护平台，秦汉上林苑遗存的保护工作得到极大推进。

2011 年初，阿房宫与上林苑考古队成立后即组织了对秦汉上林苑遗存的区域调查。调查开始不久，我们就认识到，随着学术的发展，无论是我们自己，还是学术界，对考古资料的刊布要求越来越高，因此完全有必要将之前已以简报等形式刊发的 2004 年以来收获的秦汉上林苑遗存考古资料、保存在考古队的因太过零散而不好发表的历年调查资料进行一次集中整理，并最终以专刊形式推出。这个想法在得到刘庆柱、李毓芳等先生支持后迅速落实，并于 2013 年 5 月完成初稿。刘庆柱先生百忙之中审稿并提出修改意见。不过预想的出版发生周折，直到 2016 年末才再上日程，并于 2017 年夏将书稿提交出版社。

在资料整理和编写报告的过程中，我们认识到，一方面建筑材料是在秦汉上林苑遗址考古中所获数量和种类最多的遗物，一方面秦汉上林苑建筑的持续时间很长，因此完全有必要对各类上林苑建筑材料进行系统梳理和分析。于是在编写报告的同时，我们同步开展了秦汉上林苑建筑材料的系统整理。为避免重复，在本报告中仅对各类建筑材料进行考古型式的梳理归纳，有关其系统分析和认知，将在之后出版的另外一部专著中进行阐述。与此同时，我们还将之前发表在不同期刊杂志的秦汉上林苑考古资料、相关学者研究成果进行整理收集，编辑完成的《上林苑考古发现与研究》与前书陆续出版，方便学者使用。

一直以来，我们的考古调查、勘探与发掘工作得到了国家文物局、陕西省文物局、西安市文物局等各级文物行政管理部门的大力支持，得到了秦汉上林苑遗存所在的西安市未央区、长安区，户县（现已改为鄠邑区），周至县，西咸新区（沣东新城、沣西新城）等当地区、县政府和开发区管委会的大力支持，更得到了西安市周秦都城遗址保护管理中心（前身为阿房宫遗址保管所与丰镐遗址保管所）历任领导和同仁的大力支持。对此，我们深表谢意。

编　者

2018 年 8 月